趣话 计算机 底层技术

轩辕之风（@编程技术宇宙）著

電子工業出版社·

Publishing House of Electronics Industry

北京·BEIJING

内容简介

本书用一系列有趣的小故事讲述计算机底层相关的技术知识。

- 第1章：聚焦计算机中最核心的CPU，从最基础的门电路开始，到基本的指令执行过程，最后到CPU的一些高级技术。内容涵盖缓存、原子操作、指令流水线、分支预测、乱序执行、超线程、SIMD、内存管理、TLB等。
- 第2章：主要讲述计算机中的存储设施，包括CPU中的缓存，内存、机械硬盘三者数据存储的原理，以及硬盘上的数据管理组织的软件——文件系统基本模型。
- 第3章：主要讲述计算机中的I/O和数据传输。内容涵盖总线系统、中断机制、DMA技术、零拷贝技术。重点关注网卡相关的数据传输，包括网卡的基本工作机制，网卡接收数据包后的处理，最后介绍一种时下流行的数据包处理技术——DPDK。
- 第4章：前面三章主要是在硬件层面，这一章开始介绍软件。本章聚焦计算机中最重要的软件——操作系统。本书默认以Linux为参考，内容涵盖操作系统的一些基础知识，包括进程、线程、系统调用、异常处理、信号、锁、权限管理，最后介绍一个时下流行的容器技术Docker的原理。
- 第5章：主要涉及系统编程中和操作系统紧密相关的一些技术点。包括进程的创建过程、线程栈、进程间通信、I/O多路复用、内存映射文件、协程，最后简单介绍调试器GDB和可执行文件ELF。
- 第6章：本章的主题是安全。网络安全涉及方方面面，本章挑选了和计算机系统底层相关的一些安全技术，通过故事去感受计算机攻击的原理，包含栈溢出攻击、整数溢出攻击、DDoS攻击、TCP会话劫持、HTTPS原理，还有前几年大火的CPU漏洞——熔断与幽灵攻击原理等。

图书在版编目（CIP）数据

趣话计算机底层技术 / 轩辕之风著. —北京：电子工业出版社，2023.6
ISBN 978-7-121-45529-2

Ⅰ. ①趣… Ⅱ. ①轩… Ⅲ. ①计算机系统 Ⅳ. ①TP303

中国国家版本馆CIP数据核字（2023）第085875号

责任编辑：张月萍
印　　刷：天津千鹤文化传播有限公司
装　　订：天津千鹤文化传播有限公司
出版发行：电子工业出版社
　　　　　北京市海淀区万寿路173信箱　　　　　邮编：100036
开　　本：720×1000　1/16　　印张：18　　　　字数：406千字
版　　次：2023年6月第1版
印　　次：2023年7月第2次印刷
定　　价：118.00元

凡所购买电子工业出版社图书有缺损问题，请向购买书店调换。若书店售缺，请与本社发行部联系，联系及邮购电话：（010）88254888，88258888。
质量投诉请发邮件至zlts@phei.com.cn，盗版侵权举报请发邮件至dbqq@phei.com.cn。
本书咨询联系方式：faq@phei.com.cn。

前言

你好，我是轩辕之风，熟悉我的读者喜欢叫我轩辕。

相信不少人都有过这样的感受：当我们去学习一项新的技术时，会有一大堆的技术名词和专业术语向我们袭来。而当我们试图去学习和理解它们时，网络上的各种学习资料，要么是非常晦涩的原理阐述，要么是大段的代码讲解，看得云里雾里。在我们对一项技术还没有一个全局和整体的认识之前，一下就陷入到细节中，这对新手学习的效率和信心都有不少负面影响。

除了学习，在工作中也有类似的现象，经常会有技术分享和技术讲座，很多时候，负责分享和讲述的人都只顾着单方面的信息输出，把自己要讲的东西说完就算完事，至于下面的人听懂没有，听懂多少，似乎并不关心。

上面的两种现象，在我十一年的编程生涯中，就经常遇到。

每到这个时候，我就在想：为什么不能站在读者/观众的角度来想一想呢，想一想什么样的方式更容易让他们接受和理解。如果是我来讲、我来写，该用什么样的语言让大家更好理解呢？

后来，我总结了自己的一套方法，那就是举例子、打比方、讲故事，把一个晦涩的概念用我们熟知的事物表达出来，去降低技术名词本身的神秘感，让我们能快速知道这个技术是干什么的，要解决什么问题，然后才关注它具体是怎么工作的。

运用上面的表达方式，我曾经在大学的时候通过远程语音讲述的方式，帮助一个学经济学专业的高中同学从零基础开始学C语言并通过了计算机二级考试。

我们再来看另外一个问题。

在我面试过的很多人中，以及在如今的互联网上，我发现很多程序员都在忙着学习各种编程语言、各种开发框架和各种中间件的使用，却对计算机底层相关的技术知之甚少。我思考造成这一现象主要有几个原因：

1. 很多程序员都是半路出家的，没有系统地学习过计算机底层知识。

2. 科班出身的程序员由于大学里陈旧的教学方式对这些底层技术也提不起兴趣。

3. 实际工作中的很多岗位只需要具备增删查改（CRUD）能力，对计算机底层技术没那么看重。

由于这些原因，很多程序员的基础知识欠缺，在工作中涉及技术原理的时候就会发现不足。

随着越来越多新人的加入，计算机软件开发行业的竞争也越来越激烈，只靠CRUD技能很大程度上会限制程序员在技术领域的发展。而学习这些底层技术知识，修炼好程序员的内功，可以帮助我们知其然还能知其所以然。

举个简单的例子，如果不知道零拷贝技术和I/O多路复用技术底层的原理，就很难理解Nginx为什么能支持高并发。

由于我从事的是网络安全方向的软件研发工作，经常会与计算机底层技术打交道，如CPU、操作系统内核等，这些通常给人的印象就是艰深、晦涩。所以我就在想，我能不能试着用通俗易懂的方式去把这些晦涩的东西讲清楚？

在2019年年底的时候，我注册了一个微信公众号：编程技术宇宙，开始尝试用写故事的方式去讲述编程相关的技术知识。

刚开始的时候方向比较分散，没有什么起色。后来我开始专注在计算机底层相关的方向上，收到不少好评，尤其是我的CPU系列故事，吸引了很多粉丝的追更，并在CSDN、博客园、知乎等平台获得多次精选推荐。

后来不知不觉就写了一百多篇故事，帮助许许多多的读者"解锁"了原来一直感觉很艰深难懂的知识，对我而言也是很有成就感的一件事。

在这期间，还发生了一个让我感动的小故事。

一位叫"未来永劫"的网友，由于非常喜欢我的这些用故事讲解技术的文章，特地把公众号里这几个系列的文章打印出来装订成了一本"书"寄给了我。看着自己创作的内容变成手里沉甸甸的一本书，心里还是非常开心和激动。那时候我就在想，要是以后真能写一本书就好了。

果然，后来成都道然科技有限责任公司的姚新军（@长颈鹿27）老师找到了我，对我的创作内容很认可，也给了我很多写书方面的介绍和建议，我俩聊得很尽兴，于是我决定在原来公众号文章的基础上，继续创作更多计算机底层技术文章，汇集成大家手里拿到的这本书。

本书特色

这本书主要是用讲故事的方式介绍计算机底层相关的技术，用通俗易懂的表达方式帮助大家学习底层技术。

故事的主人公可能是计算机里的一个程序、一个进程、一个线程、一个函数、一个数据包、一个文件等这样的软件角色，也可能是CPU、内存、网卡等这样的硬件角色。本书透过这些角色的视角去讲述发生在计算机世界里的故事，帮助大家在故事中学习和了解计算机底层技术的工作原理。

整本书由几十个故事构成，故事之间既有关联性，让你像"追剧"一样学习技术，也有一定的独立性，让你随时翻开一篇都能看下去。

本书主要涵盖计算机中的CPU、存储、I/O、操作系统、系统编程、安全六个主题，每个主题一章，你不必从头到尾逐篇阅读，完全可以挑选自己感兴趣的任何章节开始阅读。

读者对象

这不是一本讲述如何编程的书，也不是一本技术知识的工具书。如果你是没有任何计算机知识背景的纯小白，那建议先去学习一些基本课程后阅读本书会更加合适。

如果你是一个程序员，懂一些编程知识，但希望学习一些计算机底层技术原理，去夯实自己的技术内功，那这本书很适合你。

如果你是一个学生，学了一些计算机基础课程，但希望用另一种有趣的方式理解得更透彻，那这本书很适合你。

如果你是一个学生，未来想从事C/C＋＋编程或者系统底层相关软件开发，那这本书很适合你。

勘误与支持

由于作者水平有限，书中难免会出现一些错误或不准确的地方，恳请广大读者朋友批评指正。

大家可以在我的微信公众号"编程技术宇宙"后台留言，我会认真回复并解答读者提出的书中的问题。

致谢

感谢微信公众号"编程技术宇宙"的读者们，没有你们的支持，就不会有这本书的诞生，是大家的一次次留言、转发、点赞、打赏、催更让我坚持了下来。还要感谢"未来永劫"这位网友，感谢你亲手为我制作的"书"，给了当时的我很大的鼓舞。

感谢微信公众号"帅地玩编程"的作者帅地，在我微信公众号创作的道路上给了我很多支持，不仅帮助我拥有了最早的一批读者，还教了我很多微信公众号运营的知识。

感谢成都道然科技有限责任公司的姚新军（@长颈鹿27）老师，在本书的萌芽、创作、后期等各个阶段，姚老师都给我提供了很多建议和帮助，还安排插画师对本书的全部插图进行了统一绘制，省去了我很多操心劳神的事情，姚老师认真负责的工作态度让我觉得他是非常可靠的合作伙伴。

最后要特别感谢我的爱人，在我开心的时候陪我开心，在我失落的时候给我加油。我在公众号创作的过程中，很多次想要放弃，但她总是给我加油和打气，而且不厌其烦的帮助我分析文章阅读低迷的原因，给我提出很多建议和努力的方向。在写作这本书的过程中，我几乎没有时间陪伴她，但她不仅没有怨言，还承担了各种家务琐事，烹饪各种美食，让我可以安心的创作。除此之外，她还经常和我一起探讨创作思路，并作为本书的第一个读者，帮助我发现书稿中的错误，提出了很多修改意见。如果说创作一本书算是一点小小的成绩，那这成绩有一半都来自于她。

谨以此书献给我的家人和一路关注我支持我的读者朋友，希望所有喜欢计算机的朋友都能在书中收获知识和快乐！

轩辕之风

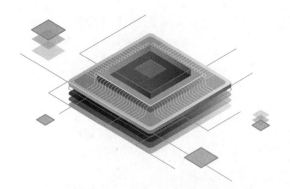

目录

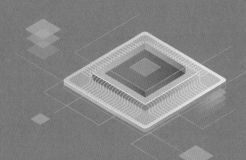

第1章

计算机的大脑：中央处理器 CPU

如果把计算机比作一个人，那CPU就是计算机的大脑了。CPU是计算机中最核心的部件，计算机的"计算"功能，就是由CPU来完成的。

我们开发的软件，无论是用什么编程语言所编写的，最终基本上都是CPU在执行（也有少部分由GPU或其他部件完成），完成我们想要的功能。所以学习和了解CPU的基本原理，对我们学习计算机和软件编程都非常有意义。

本章将用一个系列的小故事，将CPU的基础知识和工作原理融入其中，让我们用第一人称的视角，一起去感受神秘的CPU吧。

📷 1.1 CPU的细胞：门电路

我是一个晶体管，这是我的照片：

长得有点奇怪，所以人们还是习惯用电路符号来表示我。

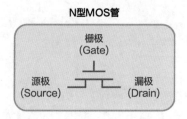

我有三条腿，对应电路符号中的三个连接端：栅极、源极和漏极。

我有一个神奇的特性：当栅极输入代表数字信号1的高电平的时候，我的另外两端源极和漏极就能导通，而输入代表数字信号0的低电平的时候，就无法导通。

我就像一个特殊的开关，输入1就闭合，输入0就断开。

我还有一个好朋友，跟我刚好相反，当栅极输入0的时候才导通，而输入1的时候，却无法导通。

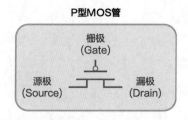

之所以有这么神奇的功能，来自我们独特的身体构造。

聪明的科学家们用硅、磷、硼和金属制造了我们，并且可以通过栅极输入的电压来控制我们的导电性。

科学家还给我们取了一个名字：MOSFET，金属−氧化物半导体场效应晶体管。嗯，确实有点不好记，所以人们常常把我们简称为MOS管。

我是一个NMOS管，我的好朋友是一个PMOS管。

可别小瞧了我们，我们虽然个子很小，但聚在一起却能干出大事情！

1.1.1 逻辑门

有一天，有人把我们两个像这样连接在了一起，A是输入端，接到了我们两个的栅极，如果A端输入1，下面的NMOS管导通，上面的PMOS管截断，输出Y就与地连通，变成了0。

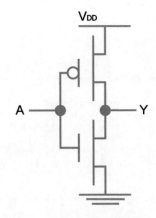

而如果A端输入0，上面的PMOS管导通，下面的NMOS管截断，输出Y就与电源连通，变成了1。

不管哪种情况，输出Y总是和A相反，刚好符合逻辑运算中的非运算，人们把这样的电路叫作非门。

嗯，确实像一道门。进门之前还是1，出来就变成了0；进门之前还是0，出来就变成了1。

为了方便记忆，科学家们发明了一个符号来表示这样的电路。

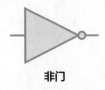

非门

既然可以组合出非的布尔逻辑，那其他逻辑运算呢？

聪明的科学家通过不断地组合和搭配，用我们两种晶体管搭建出了各种各样的门电路：

- 与门
- 或门
- 非门
- 与非门
- 或非门
- 异或门

你看，这是用六个晶体管搭建出来的异或门电路，不信你可以尝试自己分析一下，AB两端输入00、01、10、11四种情况下，输出是不是异或的结果。

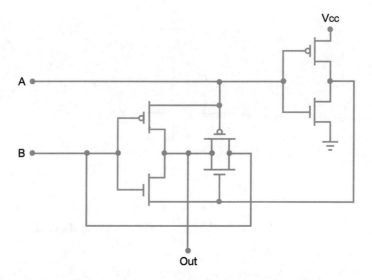

是不是看得头都要晕了，没关系，你只需要记住它们的符号就好了。

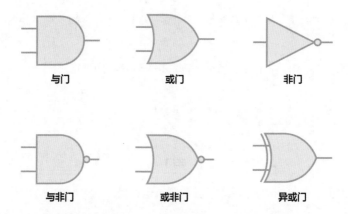

这样，不管什么样的逻辑运算，都可以用这些门电路来完成了！

没想到我们这些小小的晶体管经过各种连接组合后，居然可以完成这么多类型的逻辑运算！

1.1.2　加法器

后来，有人想着，除了逻辑运算，能不能用这些门电路来做算术运算呢？比如最简单的加法运算。反正都是0和1的搭配组合。

在二进制的加法中，输入和输出是这样的：

加数1	加数2	和	进位
0	0	0	0
0	1	1	0
1	0	1	0
1	1	0	1

注意看前面三列，这不就是一个异或运算嘛！两个加数相同就是0，不同则为1。

用一个异或门就可以表示了！

再看进位，只有两个加数都为1的时候才是1，其余情况都是0，这不就是一个与门的逻辑吗？

聪明的人类把一个异或门和一个与门弄到了一起，像这样连起来，就完成了1位整数二进制加法的运算！

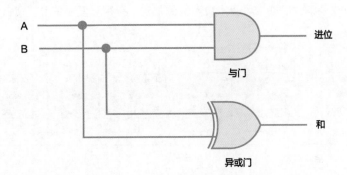

封装一下，换个符号来表示。

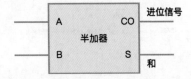

但是这样的加法电路只能叫作半加器，因为只能放在个位上使用，只需要两个加数输入就够了。而高位的加法除了两个加数，还有一个来自低位的进位，一共三个输入，

这电路可就处理不了了。

不过，聪明的科学家很快发现，只需要将两个半加器连起来，再结合一个或门作为进位输出，就能实现一个完整的加法器了！

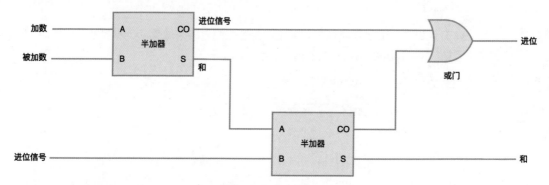

再一次封装一下，用一个符号来表示。

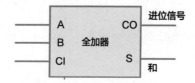

这样的一个电路单元就是一个全加器。

一位的加法器有了，想要计算多位整数的加法，只需要复制粘贴，把它们全都串起来就可以了。

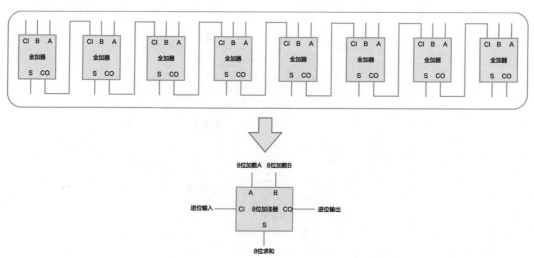

像这样，一个8位的加法器就诞生了！8位的都有了，32位甚至64位的加法器也都不是问题了。

1.1.3 算术逻辑单元ALU

有了加法器，现在可以做加法运算了，那其他四则运算怎么办呢？

科学家们再一次发挥了聪明才智，发现乘法可以转换成加法，除法可以转换成减法，而减法也可以转换成加法。

如此一来，通过对加法器进行修改和扩展，乘法器、除法器、减法器就都有了，四则运算它都能做了！

把它们打包在一起再加入一些控制电路，就变成了一个新的部件：算术逻辑单元——ALU，既可以做算术运算，也可以做逻辑运算，成为了计算机CPU中非常核心的部件。

但随着功能越来越强，逻辑门电路也越来越多，需要的晶体管数量也越来越多，制造出来的机器也变得庞大无比。

要是我们晶体管的个头能再小一点儿就好了！

人类的科技飞速发展，有一天，我听说他们发明了一个叫光刻机的东西，可以在纳米级的空间"雕刻"出大量的晶体管。

一个指甲盖大小的芯片里，就能装下上亿个晶体管！

从显微镜下看去，这里的世界就像一个规划整齐的巨大城市，晶体管和线路纵横交错，好不壮观。

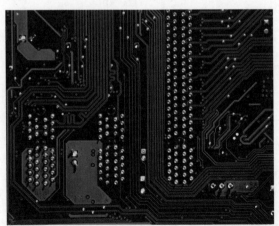

那个微观世界里的晶体管，已经和我长得完全不一样了，但我们的工作原理都是一样的，都只是一个小小的可以通过输入控制的开关。

从一个个独立的晶体管，组成一个又一个的门电路单元，门电路单元再组合成为加法器，然后成为功能完备的ALU，最后形成一个完整的CPU芯片。

小小的晶体管，真不可思议！

小提示

上面的加法电路时延很大，完成一条加法指令需要很多个时钟周期，真实CPU中使用的加法电路是经过改进后的版本。

1.2 程序的本质：指令

我叫阿Q，是CPU一号车间的员工，我所在的这个CPU足足有8个车间，也就是8个核，干起活来棒棒的。

我们CPU的任务就是不断地执行程序中的指令，程序员写好的程序交给我们去执行，就能实现他们想要的功能。

1.2.1 指令集

我们CPU支持的所有指令都是有编码的，叫作指令机器码，它看起来有点像这样：

指令功能	指令机器码
加法	0000 0001
减法	0000 0010
乘法	0000 0011
除法	0000 0100
从内存读取数据	0000 0101
向内存写入数据	0000 0110
跳转	0000 0111
……	……

这只是一个简单的例子，实际上我们的指令机器码可比这复杂多了。

所有的指令组成了我们CPU的指令集。

使用指令集中指令的机器码进行排列组合，完成特定的功能，这个过程就是编程。

哦对了，不同家的CPU拥有的指令集可能是不一样的，可能在某个CPU里0000 0001代表加法，在别的CPU那里却代表跳转。

而且到底该把什么样的功能封装成一条指令，还诞生了两个著名的流派：

- 一条指令只完成一个基本操作的精简指令集——RISC，它们的指令长度基本上是固定的。

- 一条指令可以完成一个复杂功能的复杂指令集——CISC，它们的指令长度基本上是不固定的。

我所在的CPU属于x86架构，使用的是复杂指令集，所以一条指令的长度是不固定的，有的长有的短。

1.2.2　寄存器

我们CPU工作过程中也需要存储一些数据，比如存储将要执行的指令的地址、存储运行过程中的一些状态信息、存储运算需要的数据，等等。

这些如果都保存在内存那里，不仅麻烦而且不安全，读写速度也很慢，会严重降低我们的工作效率。

所以在CPU的内部，还专门设置了一些存储电路用来保存数据，这就是寄存器。

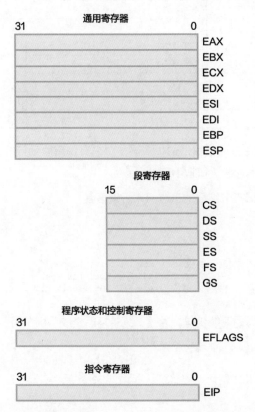

为了使用方便，还给这些寄存器起了名字。比如存储指令地址的指令寄存器EIP，存储运行状态和控制信息的标志寄存器EFLAGS，存储当前堆栈位置的ESP，还有一些在运算过程中可以存储数据的通用寄存器。

因为使用了特殊的电路来存储，又再加上就在我们内部，所以读写寄存器的速度可比读写内存快多了。

在我们的指令集中，就提供了许多的指令可以用来操作这些寄存器。

1.2.3　汇编语言

程序员们使用机器码就可以编写出他们想要的程序，可如果要让人类记住所有的指令以及它们对应的机器码，这对他们来说简直太痛苦了，即便是聪明如程序员，也很难做到。

聪明的人类给每条指令都弄了一个助记符，也就是帮助记忆的符号，就像这样：

指令功能	指令机器码	助记符
加法	0000 0001	ADD
减法	0000 0010	SUB
乘法	0000 0011	MUL
除法	0000 0100	DIV
从内存读取数据	0000 0101	LOAD
向内存写入数据	0000 0110	STORE
跳转	0000 0111	JMP
……	……	……

这下程序员们不用再记住我们的机器码了，只要使用助记符编写程序，然后再用工具转换就可以了，大大提高了他们的编程效率。

他们把这种用助记符来编程的语言叫作汇编语言。

就像这样：

```
8B 45 EC      mov     eax, [ebp+a]
03 45 E0      add     eax, [ebp+b]
89 45 F8      mov     [ebp+sum], eax
```

右边是程序员编写的汇编代码，通过工具转换后变成了机器码：

`8B 45 EC 03 45 E0 89 45 F8`

使用十六进制的形式是为了让你们人类看起来方便，实际上在我们CPU看来就是二进制的比特流：

`10001011 01000101 11101100 00000011 01000101 11100000 10001001 01000101 11111000`

拿到这一串二进制数据后，我们就可以开始一条一条分析执行了。

1.2.4　高级语言

汇编语言是个好东西，但程序员们还是要记住咱们CPU有哪些指令才能编程，而且要是别人家的CPU和我们的指令集不一样，那写出来的程序还不能通用。

这可是一件大麻烦事儿。

聪明的人类又经过一番研究，发明了一个叫高级语言的东西，用接近他们人类的自然语言的方式，来描述一个程序的功能。比如要完成一个加法运算：

```
int sum = a + b;
```

人类程序员一看就知道这是在把两个整数相加保存到另一个整数，这可比看助记符和机器码方便太多了。

但他们发明出来的这种语言，我们CPU可看不懂，我们只认识二进制的机器指令。

于是他们又开发了一个叫编译器的东西，用来把他们写的高级语言程序变成我们CPU可以识别的机器指令，他们把这个过程叫作编译。

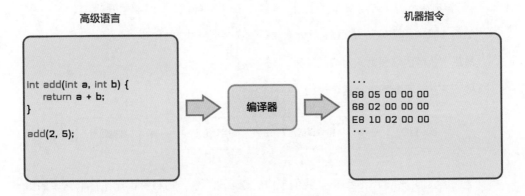

程序员们不用再学习我们CPU的指令了，连助记符也不需要记忆，只要使用高级语言编写出程序，剩下的交给这个叫编译器的家伙就可以了。

更棒的是，编译器还可以根据不同的平台编译出对应CPU指令集的程序来，实现了跨平台移植，简直太棒了！

这样一来，编程的效率又一次突飞猛进！各种各样的软件开始不断诞生，程序员的门槛也降低了不少，原来需要记忆复杂的CPU指令和使用方法，现在只需学会一套高级语言的语法规则就能编写程序了。

几十年来，不断有新的高级语言出现，什么C、C++、Java、Python、C#，各自都收获了一批拥趸，语法规则越来越简单，越来越接近他们人类的自然语言。

1.2.5　指令执行过程

编译器编译出来的程序文件是存放在硬盘上的，等到需要执行的时候，操作系统大哥会把它加载到内存中来，然后找到程序的入口点，我们从这个入口点就可以开始执行它了。

我们执行程序的过程，就是不断从内存中读取指令，然后分析执行的过程，主要分为4个阶段：

- 读取指令

- 指令译码

- 指令执行

- 数据回写

首先是读取指令的电路会根据指令寄存器从内存中读取要执行的指令，交给指令译码的电路来处理。

译码电路会分析出这条指令的长度，就能知道下一条指令该从哪里开始。

然后让算术逻辑单元（ALU）具体来执行这条指令所代表的功能。

最后把执行的结果写入对应的位置。

接下来就是不断地重复这个过程。

这就是我们CPU的工作日常。我们工作的速度非常快，每秒钟都能执行非常多的指令，可即便如此，为了和竞争对手CPU比拼性能，我们还要想办法提升执行指令的速度。

很快，我们就想到了一个聪明的办法，通过改进我们执行指令的流程，将性能提升了好几倍。

你不妨猜猜看，到底是什么办法呢？

🖥 1.3　像流水线一样执行指令

我们CPU的任务就是执行程序员编写的程序，只不过程序员编写的是高级语言代码，而我们执行的是这些代码被编译器编译之后的机器指令。

那一天，我正在忙活着……

"阿Q，工作时间你怎么在'摸鱼'啊！"领导突然到访，吓我一哆嗦。

"领导，我正在执行的这条指令，需要从内存读取数据，这您是知道的，内存那家伙可慢了，所以我只好等着，这可不是'摸鱼'哦……"我小心地解释道。

领导眉头紧锁，指着一片电路问道："这些是做什么的，怎么没在工作？"

"那是读取指令的电路。"

"旁边那些呢？"

"那是指令译码的电路，我手里这条指令还没执行完，现在还轮不到它们工作。"

"反正也是闲着，就不能提前处理下一条指令吗？"领导问道。

"不行啊，我们一直都是一条指令处理完成才处理下一条指令。"

"这些电路单元闲着有点浪费啊，可惜了。"领导嘴里念叨着离开了我们一号车间，留下不知所措的我待在原地。

1.3.1　指令流水线

没过几天，领导找我们几个车间的代表开了个会。

会上，领导问道："各位，咱们执行指令的效率能不能提一提，竞争对手快追上我们了。"

"这怎么提啊，我们干活够卖力的了。"

"是啊，也没有'划水'偷懒。"

各车间代表七嘴八舌地说道。

"还说没有'划水'？我最近去各车间巡视，经常发现有人'摸鱼'。"

一听这话，大家都沉默了，我也羞愧地低下了头。

领导接着说道："我在想啊，咱们现在执行指令的过程存在不少的资源浪费，大家能不能别等一条指令执行完再执行下一条，而是提前执行下一条？"

这话一出，在场各车间的代表都满脸问号。我们平时都是一条一条地执行指令，怎么还能提前执行后面的指令呢，这简直有点不可思议。

见大家一脸茫然，领导接着说道："咱们现在执行指令的过程其实是分了好几个步骤的，不同的步骤需要用到的电路设备基本上是不一样的，在执行后面步骤的同时，前面步骤所用到的电路就可以腾出来用于处理后面的指令了。"

就在我还有些似懂非懂时，二号车间的小虎站起来说道："我明白了！"

领导露出了满意的笑容，问道："说说看，你明白什么了。"

小虎转身来到画板旁，画了一张图：

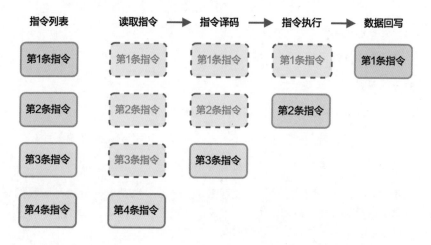

"大家请看，我们平时执行指令，差不多有4个主要的步骤：读取指令、指令译码、指令执行、数据回写。在第一条指令进入指令译码的步骤时，负责读取指令的电路模块就闲下来了，这时可以用来读取下一条指令，提前节省了时间。等到第一条指令进入执行的步骤时，指令译码的电路就能用来处理第二条指令，而读取指令的电路就能用来读取第三条指令，以此类推！"小虎得意地说道。

"妙啊，妙啊！"我也忍不住称赞道："整个过程就像一条流水线一样，一环扣一环！这效率肯定能提升不少。"

"流水线？这个名字好，要不咱们就把这项技术叫作指令流水线吧！"领导说道。

不久，咱们CPU各个车间就开始正式推行这项技术，把原来执行指令的过程流水线化。

在我们一号车间又增加了一些人手：负责指令读取的小A、负责指令译码的小胖，负责结果回写的老K，至于我嘛，就负责具体的指令执行。

1.3.2　流水线的级数

用上了流水线之后，我们CPU的工作性能一下有了非常明显的提升，甩开了竞争对手一大截，领导高兴坏了。

但还没高兴太久，不知道谁走漏了消息，竞争对手CPU们也知道了这项技术，也用上了指令流水线，我们的差距又一次缩小了。

领导又一次召开会议。

"现在该怎么办？大家想想办法啊。"

会场一度陷入了沉默，过了一会儿，六号车间的代表小六才站起来发言："领导，我有一个办法。"

"什么办法？"

小六润了润嗓子说道："我先问大家一个问题，在我们没有使用指令流水线技术的时候，假设执行一条指令需要4个步骤，每个步骤需要1ns，那执行完一条指令总共需要多少时间？4条指令全部执行完又需要多少时间呢？"

"一个步骤1ns，一条指令总共4个步骤就是4ns，4条指令就是16ns，这也太简单了吧！"二号车间小虎说道。

"没错，那用上流水线技术以后呢？"

"让我想想，用了流水线技术以后，从第4ns开始，每过1ns就会有1条指令从流水线上完成，完成上面4条指令，总共只需要7ns，比原来省了大约一半的时间。"

"说得没错，大家发现没有，如果我们把执行步骤拆得再细一些，每个小步骤需要的时间更短一些，这样流水线的深度就会更深一些，流水线中容纳的指令也就越多，性能就会变得更高。"小六激动地说道。

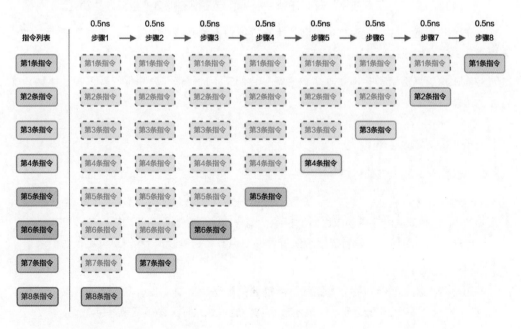

领导也听得有些糊涂，打断问道："等等，你慢一点儿，我没太明白。"

小六继续说道："比如从现在的4个步骤，拆成8个更小的步骤，每个小步骤需要的时间减半为0.5ns，这样一来，流水线跑起来后，每隔0.5ns的时间就会有一条指令完成，比4个步骤的情况更快了！"

"妙啊！妙啊！"领导忍不住鼓掌说道："就这么干。"

我总觉得哪里不太对劲，却一时也说不上来。

回去之后，我们就进行升级改造，将现在的4级流水线，改造成8级。

你还别说，效果还真是立竿见影，将指令执行过程拆得更细以后，流水线中容纳的指令数变得更多了，进一步减少了CPU电路资源的浪费，执行性能比以前更强了。

但没过多久，竞争对手CPU也把流水线级数增加了，而且比我们的还多，这可急坏了领导。

没有办法，我们也只好再一次提升流水线级数来应对。

就这样双方你来我往，大家玩起了流水线级数大战，最疯狂的时候，我们把流水线级数做到了30级。

终于，我们搞出了事情。我们把一条指令的执行过程拆分得越来越细，虽然提高了资源的利用率，但每个小步骤之间都需要做好交接，就需要增加很多额外的电路设备。

步骤之间交接不仅有额外的时间开销，增加的电路设备也会产生额外的功耗。

流水线级数到了一定深度后，我们发现性能没有增加反而下降了，而且功耗越来越大，风扇都要疯狂转起来给我们降温。

看来这流水线级数也不是越多越好啊！我们又主动降低了流水线级数，在性能和功耗上选择了一个平衡点。

1.3.3　流水线里的冒险

不仅如此，我们在使用指令流水线的过程中，也渐渐发现了一些其他问题。

有时候，我执行到一些指令，需要从内存向寄存器读取数据。不巧的是，负责读取指令的小A也准备从内存中读取后面的指令，同一时间我俩都要访问内存，都要使用访问内存电路，这下尴尬了，搞得流水线只好停顿下来等待，等我用完了小A再用，白白浪费了时间。

还有的时候，我执行到一些指令，所需要的数据来自前一条指令计算的结果，可流水线中前一条指令还没有结束，结果还拿不到，流水线只好又停顿下来等待。

这都不算啥，更要命的是，遇到存在分支的情况，根本不知道要去把哪个分支的指令加入流水线中处理。

于是，我们把这些问题都集中反馈了上去，后来我发现不仅仅是我们车间，其他车间也遇到了这些问题。

大家把这些问题叫作流水线里的冒险，还给这三种问题分别取了三个名字：

- 结构冒险：流水线中出现硬件资源竞争。

- 数据冒险：流水线中后面的指令需要等待前面指令完成数据的读写。

- 控制冒险：流水线需要根据前面指令的执行结果来决定下一步去哪儿执行。

一时之间大家都没有什么好的办法，遇到这些问题就只好让流水线停顿下来等待，等待前面的指令完成，再继续工作。

但不断追求性能提升的领导，肯定不会放任这几个问题不管，又会想出什么样的应对办法呢？

 小提示

指令流水线技术出现的时间其实早于多核技术。本故事仅为叙述方便，不代表二者真实的发展顺序。

1.4 CPU里的存储设施：缓存

在我所在的一号车间里，除了负责执行指令的我，还有负责读取指令的小A，负责指令译码的小胖和负责结果回写的老K，我们几个各司其职，一起完成执行程序的工作。

由于我们四个人的出色工作，一号车间业绩突出，在年会上还多次获得了最佳CPU核心奖呢。

1.4.1 缓存

我们每天都需要和内存打交道，从他那里读写数据，不过由于内存这家伙实在太慢了，我们浪费了很多时间在等待数据传输上。

终于有一天，领导给我们下了命令，说竞争对手CPU的速度快赶上我们了，让我们想办法提升工作效率。这一下可难倒了我们，我们已经用上了指令流水线技术，平时干活绝没有偷懒，要怪只能怪内存那家伙，是他拖了我们后腿。

一天晚上，我们四个在一起聚餐，讨论起上面这道命令来，大家都纷纷叹气。

就在大家一筹莫展之际，老K提出了一个想法："兄弟们，我发现了一个现象，咱们和内存打交道的时候，如果访问了某个地址的数据，接下来很有可能还会继续访问它。不仅如此，它周围的数据随后也大概率会被访问到，比如下面这个循环。"

```
int sum(int data[], int len) {
  int total = 0;
  for (int i = 0; i < len; i++) {
    total += data[i]
  }
  return total;
}
```

"循环里面total这个变量就在被反复访问，另外还在依次访问data数组的元素，而这些元素在内存中都是挨着的，访问了前面的元素后，后面的元素接下来也会被访问到。"老K接着说道。

小A听得一脸茫然："你说得没错，然后呢？你想表达什么意思？"

老K继续说道："咱们每次都找内存要数据，太慢了，我寻思在咱们车间划出一块区域用来做数据存储，结合我发现的这个现象，以后让内存一次性把目标区域附近的数据一起给我们，并保存在这块区域，后面在需要用到的时候就先到这里找，找不到再去找内存要，岂不省事？"

小A一听说道："你这么一说有点道理，不仅是读取数据，我平时读取指令，除了遇到跳转，大部分时候指令在内存中也都是挨着的，要是能把后面的指令也提前保存起来，我也能省不少时间。"

听他俩这么一说，我感觉靠谱："好办法！你们看啊，这内存老是拖咱们后腿，但是这家伙一时半会儿也快不起来，要不咱先用这招试试，看看能不能加快一点儿工作效率，也给上面有个交代。"

说干就干，我们很快就付诸实践了，增加了一堆存储电路用来保存从内存那里过来的数据和指令，我们还给这个技术取了个名字叫缓存。

1.4.2　缓存行

一个月后，缓存电路终于建好了，因为是采用读写速度较高的SRAM电路，耗用的晶体管数量比较多，所以成本比较高，只有64KB大小的存储容量。

正准备要投入使用之际，却发现有一堆问题摆在我们面前：

- 缓存数据以什么为单元来管理？

- 从内存读取的数据该存放在缓存空间的哪个位置？

- 缓存满了又该怎么办？

- ……

经过一番讨论，我们决定以64B（字节）大小为单元来管理缓存，我们把这个单元叫作缓存行，从内存读取数据都按照这个单元来进行。

为了表示每个缓存行存放的是哪个地址的数据，每个缓存行需要记录一个地址信息。

如果缓存中的数据被修改了，就会和内存中存放的数据不一样，还需要一个Dirty（简写为D）标记位记录一下，这样才能知道该把哪些缓存行刷新到内存中。

地址	无效	脏数据	数据
00111100			0100101010001010100001010
01000100	I		010100 010100 010100 01010
00111100		D	0 01010 0 00 0101000 010100
01110100			10100 01010 10100 01010100

但接下来这个问题却难倒了我们：从内存读取的数据该存放在缓存空间的哪个位置？

先是小A说道："依我之见，最简单的就是逐个检查所有位置，哪里有空位就放到哪里，反正缓存空间不大，能存放的缓存行也不多，就算遍历一次也不会太久。"

但很快被老K给否了："那怎么行，咱们做这缓存的意义就是为了提升性能，你这样不仅存起来慢，访问的时候也慢，需要一条一条比较数据在不在这条缓存行中，太慢了，要是比较了半天结果发现都没有，那不是比直接找内存更浪费时间吗？"

我想了想说道："我有个办法，我们做一个取模映射，内存中的每条数据只能存放在缓存中的固定位置，这样不管是存放还是之后访问都直截了当。"

"那要是映射后的位置已经被占用了呢？"小A问道。

"那就直接覆盖它。"

"要是程序中交替访问的两个地址刚好被映射到了同一个缓存行位置，那不是要交替覆盖，频频失效？"小A继续问道。

"你这纯属抬杠嘛！"

"这可不是抬杠，很有可能发生啊。"

我一时语塞，答不上来。

这时，老K说道："有了，可以在阿Q的基础上变通一下，咱们可以把缓存空间划分为两部分，存储的时候，同时在两部分里做映射，这样映射的结果就不是一个位置，而是在两个部分都有一个位置，哪个空就去哪个，你说的问题不就解决了。"

"这个好，既不用全部遍历，也避免了很多冲突。"

最后我们敲定了这一套方案，并把这样的办法称为二路组相连，根据实际情况，我们还可以选择把缓存划分为四部分，变成四路组相连。

方案敲定下来后，我们终于正式用上了缓存，没想到效果居然出奇的好，很多时候我们都能在缓存里找到需要的数据。

1.4.3　指令缓存与数据缓存

那天，我们又遇到了流水线里的结构冒险问题：我正在执行的指令需要读取内存数据，小A读取指令也需要读取内存数据，都要使用访问内存电路，我俩又冲突了！

按照之前的惯例，我只好停下来等待。

小A灵机一动说道："Q哥，咱们现在都用上缓存了，能不能把缓存中的指令和数据分开存储，这样你读取数据和我读取指令就不冲突了，咱俩不用把流水线停下来，各做各的，又可以提升效率了！"

"我看行！这办法好！"

随后，我们就把缓存分为了两块，分别用来存储指令和存储数据，流水线结构冒险的问题得到了很大程度缓解，工作效率再一次提升了不少。

尝到甜头之后，我们开始着手把缓存规模扩大，缓存的容量越大，命中的概率就越高，需要向内存要数据的概率也就越小。

我们决定采用分层设计，原来的缓存叫一级缓存，在一级缓存之下又扩建了二级缓存，访问虽然比一级缓存慢一些，但还是比内存快得多，存储容量也比一级缓存大了不少。

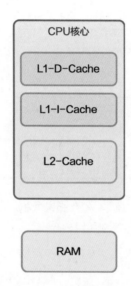

我们车间的工作效率那是飞速提升，但不知道是谁走漏了风声，其他几个车间也知道了这项技术，纷纷效仿。

这天，为了获得年度最佳车间奖，我们几个商量决定再加第三级缓存，这次把空间再弄大点。

不过咱们车间地盘有点局促，放不下，而且添置更大容量的存储电路也需要不少成本，我们偷偷给上面领导反馈了这事，想让领导帮我们协调一下。

领导倒是同意了，不过告诉我们他要一碗水端平，平衡各车间的利益。但是咱厂里资源有限，不可能给每个车间都分配那么大的缓存空间，于是决定由厂里统一安排一块大的区域，让各个车间来共享。没有办法，我们也只好同意了。

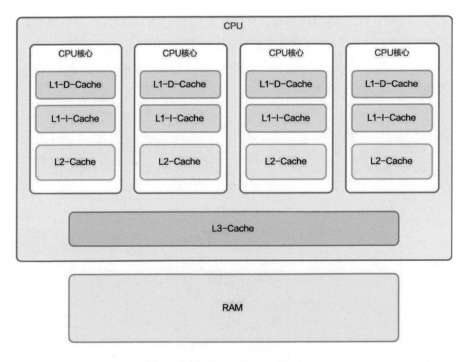

现在，我们用上了三级缓存技术，内存那家伙拖后腿的现象缓解了不少，有相当一部分时间我们都能从这三级缓存里找到所需的数据。

然而凡事有利就有弊，没过多久，我们就和别的车间因为缓存数据闹出了事情……

 小提示

缓存技术出现的时间其实早于多核技术。本故事仅为叙述方便，不代表二者真实的发展顺序。

📷 1.5 多核缓存不一致引发的问题

"阿Q快回去吧，隔壁二号车间的小虎说我们改了他们的数据，上门来闹事了。"

我正在内存管理部门MMU串门，收到这消息后赶紧赶了回去。

见到我回来，小虎立刻朝我嚷嚷："你们是怎么回事？才几纳秒的时间，就把数据给我改了，你说这事怎么办吧！"

我听得迷迷糊糊的，连连说道："小虎你先别急，我刚回来，到底出什么事了，先让我了解清楚好不好？"

接下来，老K把事情的经过告诉了我。原来，我们两个CPU车间各自负责的线程都在执行一个i++的操作，我们都把i的值放到自己的缓存中，之后都没有通知对方，加了两次但结果却只有一次，出现了数据不一致问题。

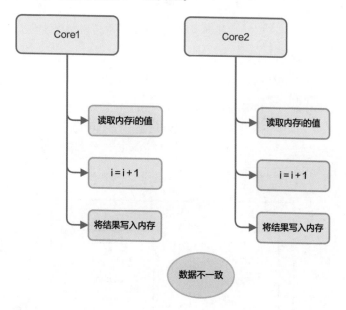

1.5.1 原子操作

了解清楚事情的原委之后，我向小虎说道："大家都执行一样的代码，这事也不能怪我们啊。"

小虎一听急了："怎么不怪你们，我们比你们先一步从内存拿走了i，那你们得等我们加完之后再用啊，不信你可以问问内存那家伙，看看是不是我们二号车间先来的。"

"好好好，你先冷静一下，你看我们又不知道你们先去拿了，这不情有可原吗，再说现在事情已经出了，我们应该一起坐下来想个办法避免以后再次出现这种问题，你说是不是？"

小虎叹了口气问道："那你说说你有什么办法？"

我继续说道："你看啊，像咱们在执行i++这种操作的时候就不应该被干扰。"

"不被干扰？"

"对，比如小虎你们二号车间在访问i的时候，我们一号车间就不能访问，需要等着，等你们访问完成我们再来，非常简单的办法却很有用。"

小虎听完一愣："这不就是加锁吗？你是想怪程序员做i++前没有加锁？"

"的确是加锁，不过这种简单操作还要程序员来加锁那也太麻烦了，咱们CPU内部处理好就行了。"

"内部处理，你打算怎么实现？"小虎问道。

"这……让我想想……"小虎问到了具体实现，我倒还没想到这一步。

这时，一旁的老K站了出来："我倒是有个办法，可以找总线主任啊，他是负责协调各个车间使用系统总线访问内存的总指挥，让他在中间协调一下应该不难。"

老K一语点醒梦中人，接着我们就去找了总线主任，后来我们商量出了一套解决方案：我们定义了一个叫原子操作的东西，表示这是一个不可切分的动作，谁要执行原子操作，总线主任就在系统总线上加一个LOCK#信号，其他车间的想去访问内存就要等着，直到原子操作指令执行完毕。

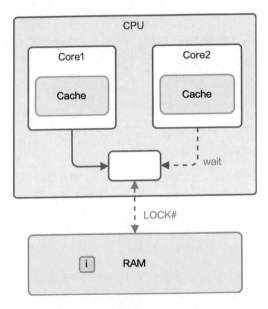

我们把这套方案上报了领导，很快就批下来了，后面我们8个车间都按照这套方案来工作，以后程序员们把i++这样的动作换成原子操作后，问题就能迎刃而解。

不过实行了一段时间之后，各个车间却开始大倒苦水：就因为某个车间要执行一个原子操作，就让总线主任把系统总线锁住，其他车间的人都没法访问内存，都干不了活了，严重影响工作效率。

抱怨归抱怨，在没有更好的替代方案出现之前，日子还得过下去。

1.5.2　缓存引发的问题

不过，没过多久，数据不一致问题又一次出现了。

这一次，倒不是加法的问题，我们两车间还是因为各自缓存的原因，先后修改了变量的值，对方没有及时知道，误用了错误的值，以致酿成大错。

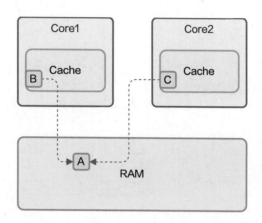

"阿Q，上次那办法好是好，可解决不了这一次的问题啊。"小虎再次找上门来。

"你来得正好，我正想去找你说这事呢。"

"哦，是吗，难不成你想到破解之道了？"

"只是一些初步的想法，其实不管是上次还是这次，问题的核心在于现在咱们各个车间各自为政，都有自己的私有缓存，各自修改数据后向内存更新时也不互相打招呼，缺少一个联络机制。"

小虎点了点头："确实，所以咱们需要建立一个联络机制，来对各个车间的缓存内容进行统一管理是吗？"

"对！这事咱俩说了可不算，我建议召集8个核心车间的代表，一起开一个会，详细讨论这个问题。哦，对了，把总线主任也叫上，他经验丰富说不定能提供一些思路。"

1.5.3　缓存一致性协议MESI

很快，咱们CPU的8个核心车间就为此问题召开了会议，并且取得了非常重要的成果。

我们牵了一条新的专线，把8个核心车间连接起来，用于各个车间之间进行信息沟通，不同于CPU外部的总线系统，大家把它叫作片内总线。

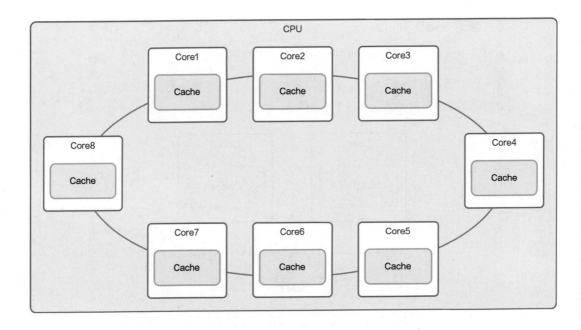

新的线路铺设好了，以后大家就可以通过这条线路及时沟通，为了解决之前出现的问题，大家还制定了一套规则，叫作缓存一致性协议。

规则规定了所有车间的缓存单元——缓存行有四种状态：

- 已修改（Modified，M）

缓存行已经被修改了，与内存的值不一样。如果别的CPU内核要读内存的这块数据，应赶在这之前把该缓存行回写到主存，把状态变为共享（S）。

- 独占（Exclusive，E）

缓存行只在当前CPU核心缓存中，而且和内存中数据一样。当别的CPU核心读取它时，状态变为共享；如果当前CPU核心修改了它，就要变为已修改状态。

- 共享（Shared，S）

缓存行存在于多个CPU核心的缓存中，而且和内存中的内容一致。

- 无效（Invalid，I）

缓存行是无效的。

四种状态之间的转换是这样的：

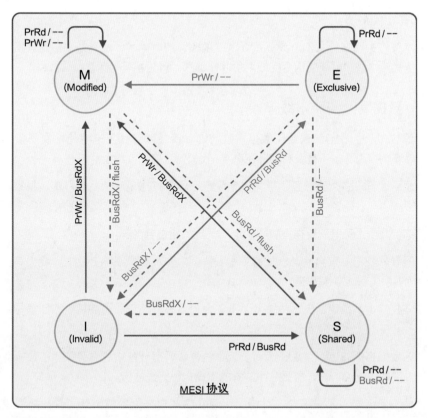

按照这套规则，大家不能再像以前那样随意了，各车间对自家缓存进行读写时，都要相互通一下气，避免使用过时的数据。

除此之外，还规定如果一块内存区域被多个车间缓存，就不再允许多个车间同时去修改缓存了。

会议还有另外一个收获，以前被各车间诟病的每次原子操作都要锁定总线，导致大家需要访问内存时都只能干等着的问题也得到了解决。以后总线主任不再需要锁定总线了，通过这次的缓存一致性协议就可以办到。

自此以后，数据不一致的问题总算是根治了，咱们8个车间又可以愉快地工作了。

1.6 指令还能乱序执行

我叫阿Q，是CPU一号车间里的员工。

上回说道，自从咱们用上了指令流水线和缓存技术后，工作效率提升了不少，我们摸鱼的时间少了许多。

流水线停顿现在是我们为数不多可以"摸鱼"的时间了，没有办法，有些指令的执行需要依赖流水线中前面的指令完成之后才能继续，就只能等待了。

1.6.1 数据冒险与流水线停顿

话说这一天，我们又遇到了数据冒险问题，流水线停顿下来等待前面那条指令完成，干等着也很无聊，于是我和小胖还有小A我们仨玩起了斗地主。

没想到才玩没多久，厂里领导又过来视察了，正好撞见我们几个打牌，狠狠地训了我们一顿。

"你们几个上班时间玩得挺嗨啊？！"领导的脸拉得老长。

"领导，我们没有偷懒，是我们工作太快，内存那家伙跟不上我们，我们等得无聊打发时间嘛。"我上前解释道。

"还狡辩，不是用上流水线技术了吗，为什么不去处理后面的指令？"领导继续问道。

"这我们当然知道，可现在遇到了流水线停顿，有一条指令需要依赖前面指令的结果，所以没办法继续下去，需要等待前面的指令执行完成才行。"

领导一脸无奈，只说道："可惜啊，现在这些电路设备都闲置了。"随后便离开了。

我们几个都低着头，谁也不敢接话。

这样一来二去，我们的胆子就大了，虽然经常被逮到"摸鱼"，但总是能用这理由搪塞过去。

前几天，领导又一次抓到了我们"摸鱼"，我们还是以数据依赖导致流水线停顿为由，想糊弄过去。

没想到这一次领导有备而来，说道："你看看人家二号车间，搞了个乱序执行的技术出来，成功解决了因为数据冒险导致的流水线停顿，你们真该学着点。"

"乱序执行？这是什么东西？"我们都"一脸问号"。

"你问我，还不如去二号车间，向人家小虎当面请教。"

"好的，好的，今天下班后就去请教。"我小心地说道。

"要开动脑筋，不要浪费时间，想办法让咱们CPU里的电路运转起来不要闲置，继续加油，让生产效率更上一层楼。"领导说完就离开了，留下我们几个面面相觑。

1.6.2 乱序执行

很快到了晚上，计算机关机了，我们几个终于忙完了一天的工作，准备一起到隔壁二号车间去一探究竟。

"小虎，听说你们憋了个大招也不给我们分享一下，太不够意思了吧？"一进门我就嚷道。

小虎见我前来，也笑着说道："你们一号车间搞了个缓存技术出来，不也偷偷用了很久没告诉我们吗？"

我俩相视一笑，心领神会。

"说真的，你们这乱序执行到底是个什么技术？据说可以解决数据依赖问题？"

小虎招呼我们几个坐下，说道："数据依赖问题可解决不了。"

"我听说你们可以让流水线不停顿嘛，不解决数据依赖问题，怎么能不停顿呢？"我继续问道。

"数据依赖解决不了，但是可以绕过，让流水线继续执行后面没有依赖的指令啊。"小虎说完，面露一丝得意。

这时，性急的老K上前说道："哎呀，你就别卖关子了，快告诉我们吧！"

小虎站了起来，认真地说道："遇到数据依赖的时候，我们其实完全不用把流水线停顿下来傻等。像有些指令，比如加法，如果参与加法的数据不依赖前面指令的结果，咱们完全可以提前把这加法指令执行了嘛，把结果保存起来，等真正轮到这条指令执行的时候，再把结果写回去，这不就减少时间浪费了吗？因为打乱了指令执行的顺序，我们把这个技术叫作乱序执行。"

我们几个恍然大悟，原来还可以这样，之前只想着"等靠要"，没想到还可以主动出击。

我还在思考着，小A问道："这说起来容易，实际操作起来太复杂了，你怎么知道哪些指令可以先执行？还有打乱执行顺序会不会造成什么未知后果，导致程序逻辑出错，你们考虑过吗？"

只见小虎淡定地一笑："你说的这些问题，我们早就考虑过了。"

"那你们具体是怎么实现乱序执行的呢？"

小虎转身来到白板前，给我们画了一张图：

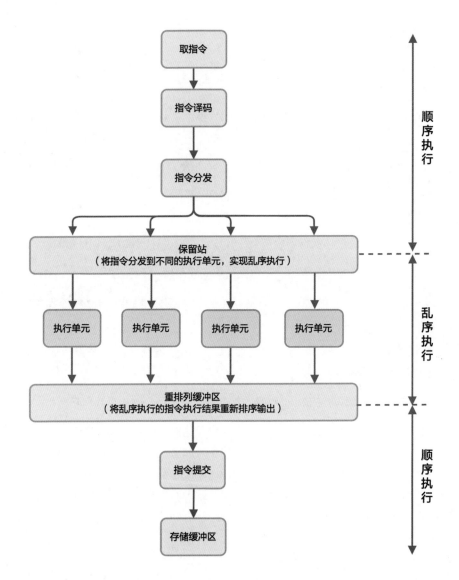

"各位请看，我们在原来的指令执行流程中，做了一些改动。核心的改动就在指令译码之后送到执行部件去执行这里。"

我们几个盯着这图，看了半天依旧一头雾水。

小虎接着说道："在指令经过译码之后，进入ALU执行之前，我们设置了一个缓冲区，指令会先到这里来排队。在这个缓冲区中，会登记指令是否有数据依赖，具体依赖什么数据，需要用到的执行部件有哪些、当前是否繁忙，以及需要读写的寄存器是哪些等信息。这个缓冲区我们叫它保留站。随后指令调度单元就可以去这个缓冲区挑选没有依赖的指令来执行了。"

这时，老道的老K一下看出了端倪："我有一个问题，就算某条指令和前面没有数据依赖，但如果它要用到的寄存器，前面的指令也在用，这不就冲突了吗？你要是提前去执行这条指令，难道不会出现混乱？"

"问得好！为了解决这个问题，我们新增了很多内部寄存器，这些是程序看不到的，在进入保留站排队之前，我们会将其要操作的寄存器进行映射，这样执行的时候实际上操作的是内部寄存器，就不会冲突了。"

"图中那个重排序缓冲区又是干吗的？"

"指令在内部是乱序执行的，但不能把结果直接进行回写，那就真乱套了，所以得按照它们实际的顺序重新排序后再回写。如果之前因为寄存器冲突进行了映射，在这里也会按照顺序解除映射，写到真正的寄存器中。这样在外面看起来，指令还是一条一条按顺序执行的。只是在我们内部真正执行的时候是打乱的，就不会影响程序的逻辑啦！"小虎说完又是一脸得意。

"妙啊！妙啊！这可比我们的缓存精妙多了！"我不禁感叹道。

"确实很不错，你们能想出这种办法，不可思议！"其他人也都点头称赞。

回去之后，我们也把这套技术用了起来，再遇到数据冒险也不用干等着了，不过我们摸鱼的时间倒是又少了许多。

不久之后，乱序执行的技术开始在8个车间全面推广，咱们CPU的性能又迈上了新的台阶！

结构冒险、数据冒险都有了解决的办法，现在就剩一个控制冒险的问题了，这又该想个什么办法解决呢？

小提示

乱序执行技术出现时间其实早于多核技术。本故事仅为叙述方便，不代表二者真实的发展顺序。

1.7　跳还是不跳，这是一个问题

现在还剩下一个烦人的控制冒险问题：每次遇到跳转指令的时候就很恼火，如果是无条件跳转指令还好，要是遇到了条件跳转指令就麻烦了，因为不知道最终要不要跳转，就不知道接下来要执行的指令在哪个分支，流水线就得停下来等待判断结果，白白浪费很多个时钟周期。

现在各个车间都在抢时间，看谁能先拿出这个问题的解决方案。

1.7.1 静态预测

有一天，老K把大家叫在一起说道："兄弟们，有一个小道消息，我听说六号车间他们遇到控制冒险不用停顿流水线了。"

"不用停顿了？怎么做的？"我们几个一听都来了兴趣。

"听说他们现在是这么做的：不管前面判断的结果，直接假定分支不会跳转，流水线照样运行不停顿，继续把后续的指令载入流水线处理。"

"那要是判断结果出来后发现弄错了分支咋办？"

"错了就错了呗，大不了把已经进入流水线中还没处理完的指令中间结果全部清除就是了，就当这一切没发生。可要是没弄错，不就赚了吗？"老K说道。

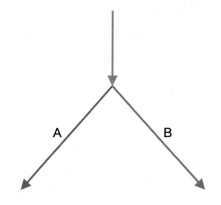

"这不就是瞎蒙嘛！"

"对，就是瞎蒙，理论上还是有50%的概率蒙对嘛！咱们要不要试试看？"

我一听就觉得不靠谱，连连拒绝："还是算了吧，我觉得这办法不靠谱，能不能提升性能要打一个问号。蒙错了还要把流水线中做了一半的全部清理掉，也会浪费挺多时间的，还不如停顿下来休息休息呢。"

"是啊，我还以为有什么高招呢。"

老K也没有多说什么，于是大家都散了继续干活去了。

没多久，我们遇到了一段循环代码：

```
int calc() {
  int sum = 0;
  for (int i = 1; i <= 10000; i++) {
    total += i;
  }
  return sum;
}
```

每一次循环，都会判断变量i的大小，然后决定是否跳转。每一次判断，我们的流水线就得停下来等待判断的结果。

连续循环了几次后，小A突然说道："兄弟们，我发现这个循环分支每次都没有跳出去，一直在这里打转。"

"你说得对，我也发现了。"这时，老K也凑了上来："我猜接下来这一次判断结果依然不会跳出去，要不咱们赌一把，别把流水线停下来，直接加载循环里那个分支的指令？"

我想了想觉得可行："我看行，咱们赌一把。"

随后，我们又来到了这个条件跳转指令面前，我们没有将流水线停顿，而是直接读取了循环中的那个分支中的指令来处理。

比较结果出来后，果然如我们所料，我们的预判没有错，我们成功避免了一次流水线停顿！

接下来又连续循环了好几千次，我们都判断正确了。

直到最后一次，才判断出错，但即便如此，这样的成功率足以让我们高兴了很久。

1.7.2 动态预测

当天晚上，计算机关机后，我们几个聊起了白天这件事来。

我首先开启了话题："兄弟们，咱们今天成功预测了要执行的分支，大家有什么感受没？"

小A起身说道："我发现，很多时候分支的跳转是有规律可循的，并不是50%对50%的概率。"

"说得没错。"老K也接过了话："我发现如果某个分支经常被执行到，那后面再去这个分支的概率也比去另一个分支大很多。"

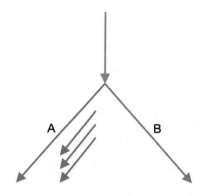

"我有一个想法，我觉得咱们可以借助之前的经验来预测后面的跳转情况！"老K继续说道。

我一听老K跟我想到一起去了，便问道："说说看，你有什么想法？"

老K站了起来，兴奋地谈起了他心里的想法："咱们可以建一些存储电路，弄成一张表格，把分支跳转的结果保存起来，以后遇到跳转指令的时候就拿指令的地址去这张表格里面查找之前跳转的结果，如果之前跳了，那这一次也跳，如果之前没跳，那这一次也不跳。"

"这个好，有点意思啊！"一旁的小胖和小A都表示赞同。

"嗯，确实不错，不过这个存储不能做得太大，不然检索起来挺费时间的，那就得不偿失了。"我补充说道。

大家都很兴奋，表示可以试试这个办法，要是预测效果还不错，那这个月的最佳核心奖就稳了！

没多久，我们的想法就落地了，开始运转起来。

但现实却泼了我们一盆冷水，效果并没我们想得那么好，经常预测出错不说，很多时候查找了半天发现之前并没有存储过跳转结果，白白耽误了很多时间。

我们仔细分析了原因，总结了几个问题。

一方面，很多跳转指令只会遇到一次，后面就不会再遇到，把它存起来白白浪费了空间，而真正经常要执行的跳转指令反而没有机会存进去。

另一方面，仅仅凭借之前一次的跳转结果就预测下一次是否跳转，还是有些草率。

经过一阵讨论，我们决定对这个跳转记录表格进行改造，增加了一个用来记录每个跳转指令遇到次数的字段。表格的容量是有限的，每次插入新的表项时，如果已经存满了，就把遇到次数最低的换掉，这样只记录那些经常碰到的跳转指令信息，表格才更能发挥出它的价值。

除此之外，我们原来只记录上一次跳转的结果，现在改成了记录最近跳转的次数，每跳一次就加1，每不跳一次就减1，这样根据最近多次跳转的结果再来预测，更有把握一些。

经过改造后的方案很快完成，投入运行一段时间后，我们惊喜地发现效果比之前好了很多，我们的预测准确率差不多都能在90%以上，有时候甚至更高。

后来，我们把这项技术汇报给了领导，在咱们CPU的8个车间推广开来。我们还给这项技术起了个名字：分支预测。

我们这样做才是真正的预测，像六号车间那种做法只能算是瞎蒙。

现在遇到跳转指令也不用担心了，有了分支预测，有相当大的概率能预测正确后续执行的分支，再也不用把流水线停顿下来了，控制冒险的问题终于得到了解决！

小提示

1. 分支预测技术出现时间早于多核技术，本节仅为故事叙述方便，不代表二者真实发展顺序。

2. 本节只是分支预测的一个简单模型刻画，实际的CPU中，不同体系、不同架构、不同系列的分支预测实现细节都可能有所不同，但不管怎么变化，都是为了一个目标：让分支预测的准确率更高！

1.8　一条指令同时处理多个数据

我叫阿Q。我所在的一号车间，除了负责执行指令的我，还有负责读取指令的小A，负责指令译码的小胖和负责结果回写的老K，我们各司其职，一起完成执行程序的工作。

1.8.1　一个简单的循环

那天，我们遇到了一段代码：

```
void array_add(int data[], int len) {
  for (int i = 0; i < len; i++) {
    data[i] += 1;
  }
}
```

循环了好几百次之后，才把这段代码执行完成，每次循环都是做简单又重复的工作，把我累得够呛。

一旁负责结果回写的老K也是累得满头大汗，吐槽道："每次都是取出来加1又写回去，要是能一次多取几个数，批量处理就好了。"

老K的话让我眼前一亮，对啊，能不能批量操作呢？

我心里一边想着，一边继续干活了。

繁忙的一天很快结束了，转眼又到了晚上，计算机关机后，我把大家召集了起来。"兄弟们，还记得咱们白天遇到的那个循环吗？"

"你说哪个循环，咱们这一天可执行了不少循环呢。"小A说道。

"就是那个把整数数组每个元素都加1的那个循环。"

"我想起来了，那个循环怎么了？有什么问题吗？"

我看了老K一眼，说道："我在想今天老K的话，像这种循环，每次都是取出来加1又写回去，一次操作一个数，效率太低了，咱们要是升级改造一下，支持一次取出多个数，批量加1，这样岂不是快很多？"

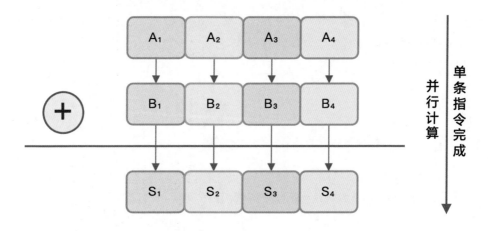

老K一听来了兴趣，"这样当然好，你打算怎么做？"

"这我还没想好，大家有什么建议吗？"

一旁负责指令译码的小胖说道："可以新增一条指令，专门用来一次取出多个数据来加1。"

"不行不行，不能限得这么死，今天是加1，万一下次是加2呢？指令里面不能限制为1。"

"那如果每个数据要加的不一样怎么办？"

"你这么一说，那万一不是加法，是减法、乘法怎么办？"

"还有啊……"

大家开始七嘴八舌讨论了起来，没想到一个小小的加法循环，一下子引出了这么多问题来，这是我们没想到的。

1.8.2　并行计算

随着讨论的深入，我觉得已经超出了咱们一号车间能把控的范围，需要上报给领导，组织8个车间代表一起来商讨。

领导一听说有提高性能的新技术，马上来了兴趣，很快便开会组织大家一起来商讨方案。

"都到齐了是吧，阿Q你给大家说一下这个会议的目的。"领导说道。

我站了起来，开始把我们遇到的问题和想法跟大家讲了一遍。

"是这样的，我们一号车间那天遇到了一段循环代码，循环体的内容很简单，就是给数组中的每一个元素加1。我们执行的时候，就是不断取出每一个元素，然后将其执行加法计算后，再写回去。这样一个一个来加1，我们感觉太慢了，要是可以一次多取几个，并行加1，那一定比一个一个加快上不少。"

我刚说完，大家都开始小声议论起来。

"我看出来了，这其实就是并行计算！"二号车间小虎一语道出了关键。

六号车间小六问道："阿Q，你们已经有方案了吗？"

"还没有，这正是今天开会的目的，因为情况有点复杂，还需要大家一起来出出主意。"

"好像并不复杂嘛。"

"我上面举的例子只是一个简单的情况，并行计算还可能不是加固定的数，可能是一个数组和另一个数组相加。还有可能不是整数相加，而是浮点数，甚至，还可能不是加法，而是减法或者乘法，再或者不是算术运算，而是逻辑运算。"

我刚一说完，大家又开始窃窃私语起来。

"我琢磨着你说的这一系列，是要新增一套专门用来并行计算的指令集啊！"小虎说道。

"这可是大工程啊！"

"是啊……"

这时，小六又问道："咱们计算的时候，都是把数据读取到寄存器进行的，可这寄存器一次只能装一个数，怎么一次读取多个数据呢？"

"可能需要新增一些容量大一些的寄存器，比如128位长度，可以同时容纳4个32位的整数。"

"有这个必要吗？咱们是通用CPU，又不是专门做数学计算的芯片，搞这些东西干吗？"四号车间代表提出了质疑。

我也不甘示弱："那可太有必要了，在图像、视频、音频处理等领域，有大量这样的计算需求，咱们得提升处理这些数据的能力。"

见我们争执不下，领导拍了拍桌子，会场一下安静了下来。

"我觉得阿Q说得有道理，咱们确实需要提升处理这类数据运算的能力了。不过不用一下搞那么复杂，先支持整数并行运算就行了。新增寄存器这个也不用着急，可以先借用一下浮点数运算单元FPU的寄存器。这件事先这么定下来，具体的方案你们再继续讨论。"说完便离开了会议室。

领导不愧是领导，几句话就把我们安排得明明白白。

1.8.3　一条指令处理多个数据

又经过一阵紧张的讨论，我们终于敲定了方案。

我们借用浮点数运算单元的寄存器，还给它们起了新的名字：MM0~MM7。因为是64位的寄存器，所以可以同时存储两个32位的整数和8个8位的整数。

我们还新增了一套叫MMX的指令集，用来并行执行整数的运算。

指令	说明
paddb	环绕打包字节整数加法
paddw	环绕打包字整数加法
paddd	环绕打包双字整数加法
paddsb	带符号饱和打包字节整数加法
paddsw	带符号饱和打包字整数加法
paddusb	无符号饱和打包字节整数加法
paddusw	无符号饱和打包字整数加法
psubb	环绕打包字节整数减法
psubw	环绕打包字整数减法
psubd	环绕打包双字整数减法
psubsb	带符号饱和打包字节整数减法
psubsw	带符号饱和打包字整数减法
psubusb	无符号饱和打包字节整数减法
psubusw	无符号饱和打包字整数减法

我们把这种在一条指令中同时处理多个数据的技术叫作单指令多数据流（Single Instruction Multiple Data），简称SIMD。

有了这套指令集，咱们处理这类整数运算问题的速度快了不少。

不过渐渐地发现了两个很麻烦的问题。

第一个问题，因为是借用FPU的寄存器，所以当执行SIMD指令的时候，就不能用FPU计算单元，反过来也一样，同时使用的话就会出乱子，所以要经常在不同的模式之间切换，实在有些麻烦。

另一个更重要的问题是，咱们这套指令集只能处理整数的并行运算，可现在浮点数的并行运算越来越多，尤其是图像、视频还有深度学习的一些数据处理，都派不上用场。

我们把这些问题给领导做了汇报，看到我们已经做出的成绩，领导终于同意继续升级。

这一次，我们新增了XMM0~XMM7总共8个128位的寄存器，再也不用跟FPU共享寄存器了。而且位宽加了一倍，能容纳的数据更多了，能同时处理的数据自然也变多了。

后来，我们又不断地修改升级，还支持了对浮点数并行处理，现在我们的SIMD技术更加先进，处理数据的能力越来越强了！

📷 1.9　一个核同时执行两个线程

嘿，好久不见，我是CPU一号车间的阿Q。咱这里总共有8个车间，大家开足了马力，就能同时执行8个线程，速度那叫一个快。

可是老板还是嫌我们不够快，那天居然告诉我们要每个车间执行2个线程，实现8核16线程，是要把我们的劳动力压榨到极致！我们都满肚子怨言。

事情的起因是这样的……

1.9.1　资源闲置

前不久的一天，领导又来到咱们一号车间来了，也不知道怎么回事，这明明有8个车间，领导怎么老爱往我们这边跑。

不过这一次，我们没有"摸鱼"，正在辛辛苦苦地工作着。

当时，我正在执行一个浮点数运算，领导过来一看，拍了拍我的肩膀说道："哟，阿Q，忙着呐，这是在做什么啊？"

我笑着说道："领导好，我刚刚用浮点数运算电路单元做了一个浮点数乘法，正在等待计算结果呢。"

领导点了点头，往周边巡视一圈，指着一堆电路问道："这一堆是什么电路，怎么在闲着？"

"哦，那是整数运算电路单元，这条指令用不到它。"

领导再次点了点头，若有所思地离开了。

1.9.2 超线程技术

又过了几天，厂里召开了一次会议，8个车间都派了代表参会。

会上，领导发话了："前段时间我到各个车间视察，发现现在咱们厂里资源浪费的情况很严重！"

二号车间的小虎一听就坐不住了："领导，咱们大家伙工作都挺卖力的，哪里有浪费啊？"

领导环视了一圈，继续说道："一方面，厂里的计算资源——电路设备得不到充分利用，不同的指令需要用的执行电路单元可能并不一样；另一方面，又因为内存读取缓慢、指令依赖等方面的原因，浪费大家太多时间花在等待上，虽然有乱序执行的办法，但有时候想找到没有依赖的指令并不是那么容易，资源浪费的情况还是普遍存在。"

八号车间的代表向来爱拍马屁，顺着领导的话问道："领导是有什么指示？我们八号车间绝对支持！"

"我们管理层经过讨论，决定让你们一个车间由现在执行一个线程，变成执行两个线程！"

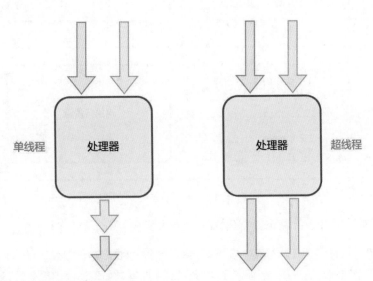

领导这话一出，会场窃窃私语此起彼伏。二号车间小虎转头小声对我说道："资本家改不了剥削的本色，这压榨得也太狠了！"

领导咳嗽了几声，会场再次安静了下来。

我起身问道："领导，一个车间怎么能执行两个线程呢，线程的执行上下文是需要保存在寄存器中的，每个车间的寄存器只有一套，这样用起来岂不是要乱掉？"

"这个你不用担心，我们会给每个车间配两套寄存器！"

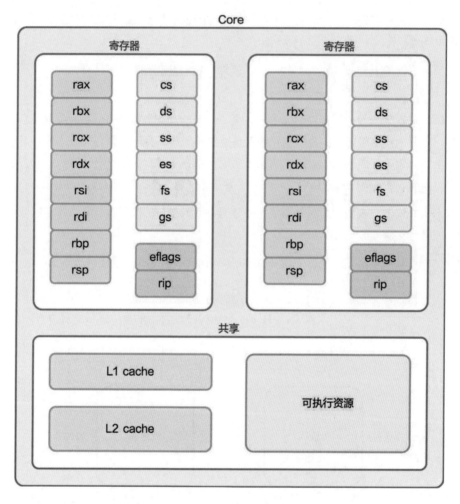

五号车间的代表一听说道："还有缓存也建两份吧！"

领导笑着说道："还加缓存？要不要再给你们添点逻辑运算单元（ALU）？那我不如再增加几个车间，还开这会干吗？这次会议的主题就是如何让我们现有的资源得到最大程度的利用，减少浪费现象！"

会场一度陷入了尴尬又紧张的氛围。

还是小虎打破了安静："领导，这一个车间执行两个线程的工作该怎么开展，我们心底没数啊！"

领导满意地笑了一下："这才是你们该问的问题嘛！每个车间回去重新分配一下工作，划分为两套班子，各自维护一套寄存器，对外宣称你们是两个不同的物理核心，但各车间的缓存和计算资源还是只有一套。你们内部协调好，在执行代码指令的时候，充分利用等待的时间执行另一个线程的指令，这样也不用担心指令依赖的问题了。"

大家一边听一边做着笔记。

超线程技术工作原理

"还有，如果遇到资源闲置的情况，也可以同时执行两个线程的指令。比如一个线程执行整数运算指令，一个线程执行浮点数运算指令，就可以一起来，让咱们的计算资源充分用起来，别闲置。"

看我们都认真地记着笔记，领导露出了满意的笑容："都记好了吧，我给这项革命性的技术取了个特别酷的名字，叫超线程技术！"

散会后，大家都纷纷抱怨，把大家逼得这么紧，看来以后上班是没法"摸鱼"了，这日子真是越来越难过了。

不过，抱怨归抱怨，大家还是要按照新规来执行。

这项技术很快就落地了，咱们1个车间摇身一变，变成了2个，咱们原来8核8线程的CPU一下变成了8核16线程。操作系统那帮人都被我们骗了，还以为咱们是16核的CPU呢！

不过毕竟计算资源还是只有一份，遇到两个线程都要使用同样的计算单元时，还是要排队，还要花时间在两个线程之间的协调工作上，所以整体工作效率的提升根本没有加倍，绝大多数时候能提升20%～30%就不错了。

不仅如此，车间改造后，增加了新的控制电路单元，咱这CPU工厂的功耗也更大了，工厂门口那座巨大的风扇也得加大马力给我们降温了。

 小提示

超线程技术出现时间其实早于多核技术。本故事仅为叙述方便，不代表二者真实的发展顺序。

📷 1.10　CPU是如何管理内存的

还记得我吗，我是阿Q，CPU一号车间的那个阿Q。

今天忙里偷闲，来到咱们车间的地址翻译部门转转，负责这项工作的小黑正忙得满头大汗。看到我的到来，小黑指着旁边的座椅示意让我坐下。

坐了好一会儿，小黑才从工位上忙完转过身来："实在不好意思阿Q，今天活太多，没来得及招待你。"

"刚忙什么呢，看你满头大汗的。"我问道。

"嗨，别提了，今天老是发现内存页面错误，要不停地通知操作系统那边去处理，真是怀念以前啊，没有这么多破事要管。"小黑叹了口气。

我一听来了兴趣："小黑你给我说说你们的工作呗，地址翻译是怎么一回事，为什么怀念以前呢？"

小黑调整了一下坐姿，咕嘟咕嘟喝了几口水说道："这话可就说来话长了。"

接下来小黑开始给我讲起了历史故事……

1.10.1 8086

原来咱们的祖先叫8086，小黑还给我看了他的照片。

那是一个纯真质朴的年代，虽然工作性能不高，不过那个年代的程序都很简单，我们的祖先一问世就成为了明星，称得上那个时代的顶流了。

看到照片中的那些金属针脚了吗？那是我们CPU和外界打交道的触角，每一根都有不同的作用。

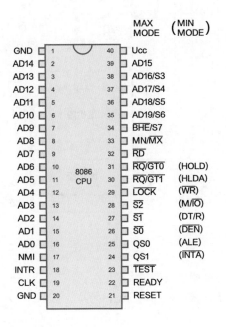

通过这些触角，CPU就可以和内存打交道，获取指令和数据，辛勤地干活啦。

那个年代，条件比较差，能凑合的就凑合，能共用的就共用。这不，你看祖先CPU的地址总线针脚和数据总线针脚就共用了。

祖先是一个16位的CPU，数据（Data）总线就有16位，一次性可以传输16比特位。和地址(Address)总线凑合着一起共用，于是就取名AD0~AD15。

不过祖先的地址总线却不止16个，还多出了A16~A19整整4个呢！这样有20个地址线，可以寻址1MB的内存了！

但是祖先的寄存器都是16位的，只能存放16位的地址。不过他们很聪明，发明了一个叫分段式存储管理的方法，把内存划分为最大64KB的小块，为什么是64KB呢，因为16位地址最多只能寻址这么大了。然后又加了几个叫作段寄存器的东西，指向这些块的开头，这样，通过段地址+段内偏移地址的方式，就能访问更多的内存了。

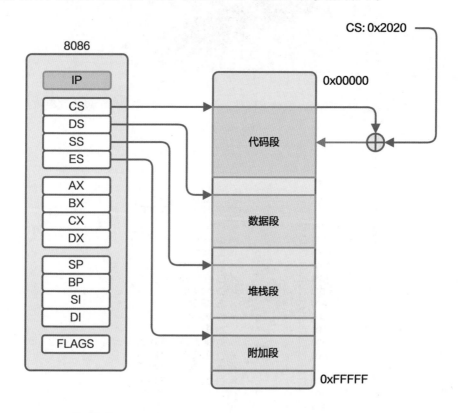

1.10.2　32位时代

后来，祖先的那点计算能力越来越捉襟见肘，实在跟不上时代了。家族中的年轻一代开始挑大梁，80286和80386 CPU相继问世，尤其是80386，成为了划时代的存在。

到了80386时代，我们与外界通信的引脚就更多了，并且变成了32位的CPU，那个时候，生活条件就变好了，地址线和数据线再也不用共享引脚了。

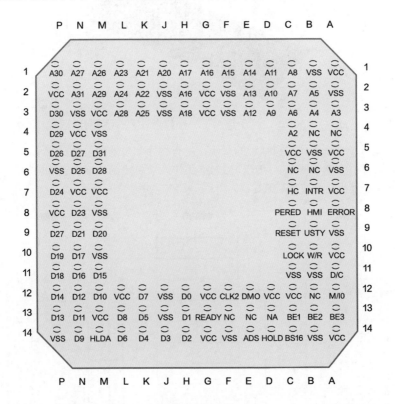

#	P	N	M	L	K	J	H	G	F	E	D	C	B	A	#
1	A30	A27	A26	A23	A21	A20	A17	A16	A15	A14	A11	A8	VSS	VCC	1
2	VCC	A31	A29	A24	A22	VSS	A16	VCC	VSS	A13	A10	A7	A5	VSS	2
3	D30	VSS	VCC	A28	A25	VSS	A18	VCC	VSS	A12	A9	A6	A4	A3	3
4	D29	VCC	VSS									A2	NC	NC	4
5	D26	D27	D31									VCC	VSS	VCC	5
6	VSS	D25	D28									NC	NC	VSS	6
7	D24	VCC	VCC									HC	INTR	VCC	7
8	VCC	D23	VSS									PERED	HMI	ERROR	8
9	D27	D21	D20									RESET	USTY	VSS	9
10	D19	D17	VSS									LOCK	W/R	VCC	10
11	D18	D16	D15									VSS	VSS	D/C	11
12	D14	D12	D10	VCC	D7	VSS	D0	VCC	CLK2	DMO	VCC	VCC	NC	M/I0	12
13	D13	D11	VCC	D8	D5	VSS	D1	READY	NC	NC	NA	BE1	BE2	BE3	13
14	VSS	D9	HLDA	D6	D4	D3	D2	VCC	VSS	ADS	HOLD	BS16	VSS	VCC	14

后来，人类变得越来越贪心，想要一边听音乐，一边上网，同时还要编辑文档，这就需要同时运行多个程序。

这个时候，有人发现了商机，开发了一个叫操作系统的东西，原来那些程序不再直接和我们CPU打交道了，而是和操作系统打交道，操作系统再和我们打交道，中间商赚差价说的就是他们！

操作系统这玩意儿很聪明，通过时间片划分让我们CPU来轮流执行多个程序，一会儿让我们执行音乐播放，一会儿让我们执行浏览器程序，一会儿又让我们执行文档编辑程序。我们是无所谓啊,给什么代码不是代码啊,我们不挑,埋头苦干就是了。人类的反应速度跟我们差得远了,他们还以为这些程序真的是同时执行的呢。

1.10.3 虚拟内存

不过随之而来出现了一个大问题,这么多程序都要运行,大家挤在一个内存里,经常发生摩擦,冲突不断。

祖先们为了此事殚精竭虑,终于想出了一个好办法,一直沿用至今。

他们提出了一个叫作虚拟地址的东西,所有程序使用的地址都是一个虚拟的地址,在真正和内存打交道的时候,咱们CPU内部工作人员再给翻译成真实的内存地址,关于这事,内存那家伙一直被蒙在鼓里。

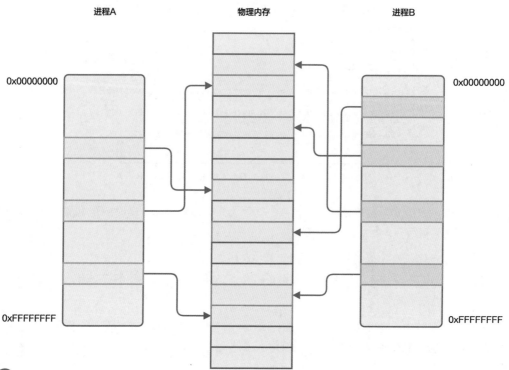

这样一来，每个程序都可以使用0x00000000到0xffffffff总共4GB这么大范围的地址空间，当然不会真的给他们那么多空间，内存那家伙总共也没多大，而是要按需申请分配。分配的单元是按照页来进行的，32位的CPU一页是4KB。这些分配管理的累活就让操作系统来干了，中间商不能光拿好处不干正事，至于我们CPU，做好地址翻译的工作就好了。

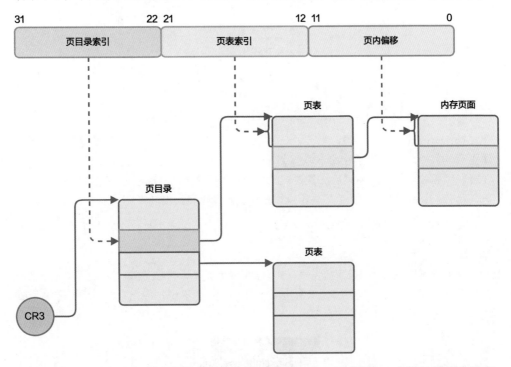

为此，在我们内部专门添置了一个新的寄存器CR3，用来指向一个地址翻译查询字典，字典划分了两级目录。我们把一个32位的地址划分成三部分，前面两部分分别指向两级目录中的条目，用来定位这个地址在物理内存的哪个页面，最后一部分就是指向物理内存页面的偏移，这样就完成了地址的翻译工作。

每个进程有不同的地址空间，切换进程的时候，把CR3的内容换一下就使用新进程的翻译字典，特别方便。

我们把这种内存管理方式叫作分页式内存管理。

真佩服祖先们的智慧，这样巧妙地把各个程序隔离开来，后来我们把这种工作模式叫作保护模式，把之前那种直接使用真实内存地址的工作模式叫作实地址模式。

1.10.4 分页交换

人类变得越来越贪婪，程序变得越来越多，对内存的需求也越来越大。随着这些程序都不断申请内存页面，内存空间很快就要耗尽了。

我们看在眼里，急在心里，后来找操作系统协商，看看这问题该怎么处理。

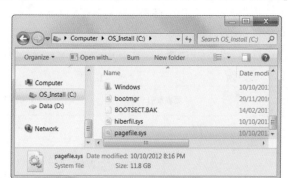

操作系统那家伙也不赖，想出了一个好办法。内存的大小有限，但是硬盘给力啊，硬盘空间大得多，去硬盘上划一块区域来，把内存里长时间没有用到的页面换到这块区域，然后做个标记。如果后面谁要访问那个页面，咱们CPU就先检查，如果有这个标记，发送一个页错误的中断信号告诉操作系统去把那个页面换回来。

通过我们之间的配合，解决了内存紧张的危机。后来我们把这个技术叫作内存分页交换。

时间过得很快，到了我们这一辈，内存变得更大了，16GB都是"小儿科"，32GB也很常见。除了内存，我们CPU本身也更先进了，别的不说，你光看看咱们现在的引脚数那比祖先们那几辈就不知多了多少。

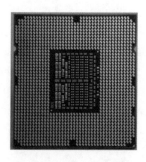

我们不仅从32位变成了64位，还从单核变成了多核，像我所在的CPU就有8个车间，8核并行执行，比起祖先那个年代简直有云泥之别。

1.11 CPU地址翻译的备忘录

嘿，我是CPU一号车间的阿Q，还记得我吗，真是好久不见了。

我所在的CPU是一个8核CPU，就有8个工作车间，那运行起来嗖嗖的。

1.11.1　虚拟地址翻译

一大早，我们一号车间MMU（内存管理单元）部门的小黑就来到领导办公室，恰好我也在。

"领导，听说您同意了阿Q他们的方案，给每个车间都划拨了缓存建设预算？"

"你这小子，消息还挺灵通的。没错，内存那家伙实在太慢了，加了缓存后，不用每次都从内存读取数据，能让咱们的性能提升不少。"领导说道。

"那我们MMU部门也要申请一笔经费。"小黑说道。

领导眉头一紧，问道："你们申请经费干什么？"

"我们也要建设缓存。"

"你们MMU部门做地址翻译工作，要缓存做什么，怕不是看领导给我们拨了款，眼红了吧？"我在一旁说道。

小黑转过身来，看着我说道："说我眼红，我倒是问你，你知道虚拟地址翻译的过程吗？"

这可难不倒我，以前就没少听他说过："怎么不知道？以32位的虚拟地址为例，一个32位的虚拟地址分为三部分，分别是页目录索引、页表索引、页内偏移。翻译的时候，从CR3寄存器中取出页目录地址，根据页目录索引找到页表，再根据页表索引找到物理内存页面，最后根据页内偏移，完成寻址。我说得对吧？"

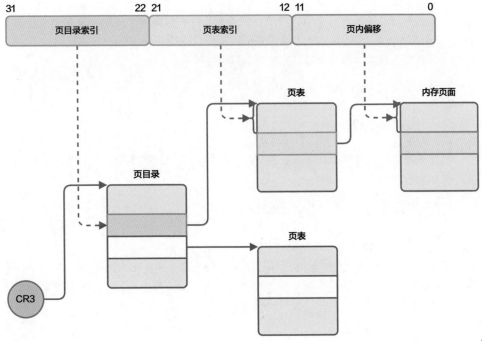

"嘿，你小子不错啊，记性挺好。"小黑有点不敢相信，随后又问道："既然你知道，那我再问你，这读取一次数据，需要访问几次内存？"

我思考了一下，开始算了起来。从页目录表中读取一次，从页表中再读取一次，最后访问页面内数据再读取一次，总共就是三次。

"需要访问三次内存！"我回答道。

小黑点了点头说道："没错，你知道的，内存那家伙本来就慢，这每读写一个数据，都要访问内存三次，这谁受得了啊？"

说的是啊，内存那家伙慢我是知道的，但读写一次就要折腾三回，我倒是没想过。

"就这还是32位地址的情况，我还没算64位下变成了4级页表呢，那访问内存的次数就更多了！"

"好在咱们马上就要建设缓存设施了，也不用每次都从内存读取数据，要是缓存能找到，就不用读取内存了嘛！"

"可是查页目录和页表还是得要两次啊！"小黑说道。

"要是能把地址翻译的结果也缓存起来就好了，就不用每次都从内存查了。"我陷入了思考。

"你看，你和我想到一起去了，所以我才向领导申请，咱们MMU部门也加上缓存，这样地址翻译变快了，咱们整个车间工作效率才高嘛！"

这时，领导站了起来，说道："唉，格局要打开，仅你们一号车间提高不行，要发动全厂8个车间一起。小黑，经费的问题不用担心，这事由你牵头，把其他几个车间的MMU部门负责人召集起来开个会，把你说的方案落实下去。"

"没问题！"领导这么一说，小黑高兴坏了。

1.11.2　地址翻译缓存

回去的路上，我又忍不住好奇，向小黑打听起来："你们这翻译地址用的缓存，准备怎么个弄法？"

"我还没想得很成熟，只有个大概的方案。"

"快给我透露一下。"

"好吧，告诉你也无妨！我举个例子吧，假设要翻译的虚拟地址是0x12345678，这是一个32位的地址，前面的20位是0x12345000，经过两次查表后，定位到真实的物理页面13BC1000，最后再加上页内偏移，翻译结果就是13BC1678。"

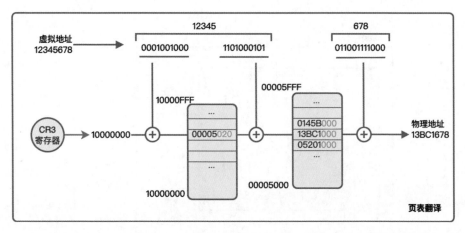

"地址翻译完成后，将虚拟页编号0x12345和物理页编号0x00abc的映射关系记录起来放到缓存中。

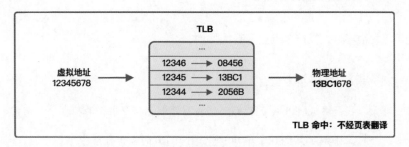

"在进行地址翻译的时候，先去这个缓存里瞅一瞅，看看有没有记录过，如果有就直接用之前记录的，找不到再去内存页表中找。和局部性原理类似，翻译过的地址，在接下来的一段时间内再次用到的可能性很大，所以这个缓存是很有必要的！"小黑非常自信地说道。

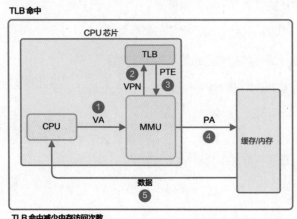

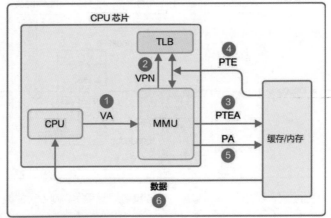

"听上去很不错，期待早点上马啊！"

1.11.3 翻译后备缓冲区

过了几天，我打算去MMU部门转转，想看看他们的缓存搞得咋样了。

一进门，只见小黑和其他几个车间的MMU部门负责人正在紧张地讨论着，一旁的画板上画了不少条条框框的图。

"小黑老哥，你们这是在做什么呢？"

"我们正在研究这个翻译记录缓存项的存储方式呢！你来得正好，我们讨论了半天也没什么好的思路，快来帮我们出出主意。"

我有些好奇，问道："什么问题把你们都难倒了？"

"就是虚拟地址翻译的结果，我们不知道怎么存了！"

"这有什么好纠结的，缓存空间就那么大，一个翻译结果就是一条记录，一条一条地存呗。"

二号车间MMU负责人连连摆手："没你想得这么简单，按照你这种存法，那在翻译地址的时候，怎么查找？难道要全部扫描一遍？"

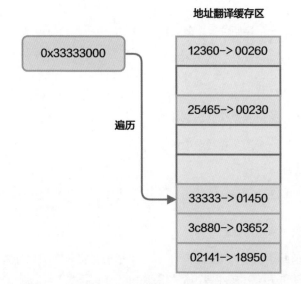

我愣了一下："啊这，我倒是没想这么多……不过缓存空间也不大，存不了太多翻译结果，全部扫描也还好吧？"

"那可不行，咱们CPU的目标就是要把性能优化到极致，这种方案上了，领导还不得骂死我。"小黑说道。

我想了想："有了，给虚拟页编号取模，每个虚拟页的翻译记录只能存在缓存中固定的位置，这样不用全部扫描，一次就能定位，是不是很棒？"

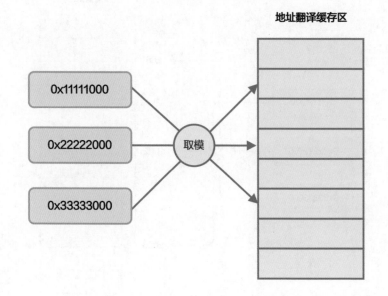

小黑摇了摇头："这个方案我们刚才也讨论过了，缓存空间有限，会导致大量的虚拟页取模后映射到同一个存储位置，就会经常冲突，也不是个好办法！"

"看来还真有点麻烦啊。"我也不自觉地皱起了眉头，陷入了思考之中。

"可不是嘛，所以我们才头疼啊。"

空气突然安静，所有人都在低头沉思。

"哎，有了！"一个念头在我脑中闪现。

"什么办法？快说说看。"

"分组连接！"

"分组连接？"众人问道。

"没错！把前面这两种方案结合一下。可以把缓存存储空间划分为很多组，全部遍历太慢，直接取模映射又容易冲突，那如果映射的结果不是一个固定的位置，而是一个分组呢？"

"听上去不错啊，这样既降低了冲突，遍历也只需在分组区间进行了，工作量大大降低，真是个好办法。"

小黑和大家都一致同意了我的想法。

"那怎么分组呢，多少项为一组呢？"有人问道。

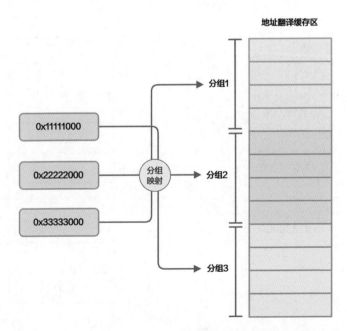

"嗯，我也说不好，得做试验验证，2、4、8、16都可以试试，实践出真知嘛！"

"好，没问题，咱们接下来测试一下。"

"我还有一个问题，你们的这个缓存项什么时候更新呢？咱们在保护模式下，不同的进程中，同一个虚拟页翻译后对应的物理页面可是不同的，你们可不要用了错误的缓存，那可就出大乱子了！"

"嗨，这还用你说，在场的各位干这份工作时间都不短了，这一点我们比你更清楚。进程切换的时候，会把新进程的页目录表基地址写到CR3寄存器中，那时候我们就会把缓存中的数据全部清掉啦！"小黑胸有成竹地说道。

"也不用全部清掉吧，像有些内核页面，是所有进程共享的，就可以保留啊。"

小黑点了点头："有道理，看来得给地址翻译记录增加一个标记，用来标记是不是全局有效。"

一个月后，8个车间MMU部门的缓存全部建设完成，当天便投入使用，咱们这个CPU的运行效率一下突飞猛进，缓存的威力可真是太大了。

为了和我们的一二级缓存相区分，小黑还给他们的地址翻译缓存取了一个响亮的名字：TLB——翻译后备缓冲区。

1.12 GPU和CPU有什么区别

"阿Q，快别忙了，马上去一趟会议室，领导有重要事情开会。"一大早，咱们CPU厂里的总线主任就挨个到8个车间通知大家开会，神色有些凝重。

"什么事情，这么着急？"

"听说是主板上新来了一家单位，来抢咱们CPU工厂的饭碗了。"主任小声地说道。

"还有这种事情？"我二话没说赶紧起身出门了。

来到会议室，没想到大家都已经到齐，就差我了。

见我到来，领导开始讲话："诸位，想必大家可能都有所耳闻，就在昨天，在咱们CPU工厂的不远处，主板上新来了一家叫GPU的单位，公开抢我们的饭碗，今天召集大家就是商讨应对之策。"

"GPU，我知道，就是图形处理器，就是干图形计算的，怎么能抢我们的活呢？领导你多虑了吧。"我回头一看，原来是六号车间的代表小六在发言。

"哦,看来你对他很了解嘛!"领导问小六。

小六有些不好意思地说道:"我是听网卡那家伙说的,咱们这儿的网卡以前插在别的计算机上,那里的主板上就有一个GPU。他们主要承接一些图形渲染相关的计算工作,不过他们都是执行一些固定的操作,计算电路都是固定的,根本不具备可编程的能力,和我们CPU那是没法比的。"

"小六,士别三日都当刮目相看,你不知道,他们现在不仅和我们CPU一样可以编程,而且据说架构大调整,现在已经是通用计算架构了,名字都要改了,叫什么GPGPU,连计算速度都比我们快了!"领导说得掷地有声,会场一下安静了下来。

"阿Q、小六,你们两个想办法混进他们那里摸摸情况,汇报以后咱们再继续讨论,大家意下如何?"领导望向大家。

我还没反应过来,大家都纷纷说好,看来这份差事我是躲不掉了。

1.12.1　庞大的核心数量

当天夜里,我与小六偷偷溜进了GPU,没想到虽然夜已深,但里面还是灯火通明,一派繁忙的景象。

等到进入了他们工作的地方,我和我的小伙伴都惊呆了!好家伙,这规模也太大了,放眼望去,全是一个个的工作车间,一眼望不到头。

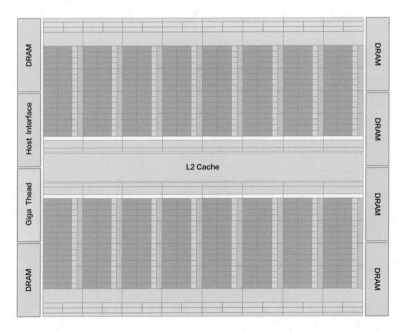

"Q哥，他们这也太猛了，咱们CPU也就8核，才8个车间，他们这里我目测不下1000个车间，难道他们有1000多个核，看得我眼睛都花了！"小六满脸惊讶地说道。

"我看没那么简单，你仔细看他们的工作车间，比我们的可简陋多了。"

"还真是，那些橙色的地方应该就是缓存吧，比我们的可小多了。还有他们好像大部分都是计算电路，逻辑控制电路很少。"

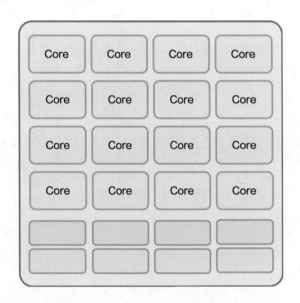

"你们不去干活，躲在这干吗？"不好，我们被巡逻的给发现了！但他好像并没有认出我们的身份，把我们当成这里的员工了。

我俩尴尬地点头笑着说道："休息休息，我们这就回去。"

"你俩快去1024号车间，那里还缺人手。"

"好嘞好嘞，这就去，这就去。"

我堂堂CPU一号车间的指令执行长官阿Q，居然在这里对这个小小巡逻点头哈腰，想想都气！

1.12.2 GPU的SIMT与"超线程"

找了好久，我俩终于来到1024号车间，这里有一个小哥正忙得不可开交。见到我们到来，小哥高兴地说道："你们可算是来了，我这都忙死了。"

"今天都这么晚了，这是在忙着执行什么程序啊？"我试探性地问道。

"今天有点背，程序员下班前留了一个深度学习的神经网络训练任务给我们，今天晚上大家肯定没法休息了，搞不好要通宵。"小哥一边忙着操作计算电路进行数据计算，一边对我们说道。

小六给我使了个眼神，然后对小哥说道："你空了给我们介绍下工作吧，让我们也干点活儿。"

"对，对，让我们也帮你分担点。"我跟着附和。

"你们先坐坐，这一轮训练马上就要结束了，趁着空闲给你们介绍介绍。"小哥说完擦了擦额头的汗。

趁着小哥在忙，我俩四处转了转："小六啊，他们这车间比起咱们CPU的确实显得寒酸了许多。我们每个车间可都是标配了一二级缓存的，少说也有几百KB，他们可没有这个待遇。而且他们的计算资源电路也简单很多，像我们用于分支预测和乱序执行的逻辑控制电路这里都没有。"

"Q哥高手啊，这里这么多电路你都能认得出来？"

"俺在CPU厂里混了那么多年，这都认不出来那不白干了吗？"

"不对啊，按照你说的，他们这里的电路应该很少才对，可是你看怎么这么多。"小六的话引起了我的注意。

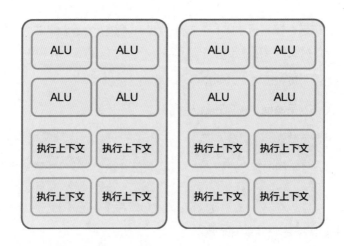

再仔细一看，控制电路虽然没我们那么复杂，但计算单元ALU却有很多份！要知道在咱们CPU工厂，一个车间也只有一份。

正在纳闷之际，小哥忙完了手里的活，走了过来："总算可以喘口气了。"

"大哥辛苦了，想问一下这里怎么这么多重复的计算电路啊，这不浪费吗？"我赶紧上前问道。

小哥不以为然："这可不是浪费，在咱们GPU工厂的车间里，每个车间都配置了很多个计算单元，我可以操作它们同时进行批量的数据计算，提升速度。"

"批量计算？还能同时？"小六问道。

"是啊，像我们GPU工厂承包的活基本都是这种类型，像3D图像渲染中每个像素的计算，深度学习中张量和矩阵的计算，它们有一个特点，都是算法固定，只是数据不一样而已。同样的计算逻辑，我喂给它们不同的数据就可以并行计算了！这个叫SIMT（Single Instruction Multiple Threads，单指令多线程）技术。"小哥得意地说道。

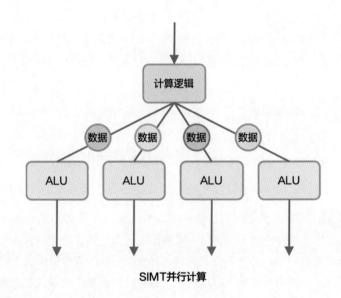

SIMT并行计算

"SIMT？这技术怎么感觉那么眼熟呢？"我问道。

小哥继续笑着说道："那可不，这一招CPU他们早就用过了，我们这是借鉴。"

"哦，我想起来了，Q哥，他说的应该是SIMD（Single Instruction Multiple Data，单指令多数据流），一条指令中可以批量操作多个数据，提升性能。"

小六一下点醒了我："原来如此！我们，哦不，是他们CPU只是批量操作数据，GPU这里是批量执行计算，真是妙啊！"

"Q哥，听起来不错啊，为什么咱们CPU不能这样搞呢？"小六悄悄问我。

"你个笨蛋，咱们CPU内部有8个车间，每个车间同时执行一个线程不就是并行吗？

只不过咱们执行的多个线程都功能各异，有些是I/O密集，有些是计算密集，既有缓存和逻辑控制电路的建设成本，还要做到通用，没有办法像他们这样搞很多个出来。"

接下来，小哥带我们来到了操作平台，告诉我们如何操作这一堆电路执行计算工作，我自然是轻车熟路了，这比在我们那儿简单多了。

"那边是寄存器和保存执行上下文的地方，你们等会儿会用到。"小哥指着一堆电路说道。

"哎，老哥，这执行上下文怎么这么多，比计算单元ALU还多？"我问道。

小哥一拍脑袋说道："嗨，瞧我这记性，忘记给你们说了。咱们GPU虽然以计算见长，但还是会遇到分支判断的场景，咱们这又没有CPU那样的分支预测和乱序执行的能力，你们不知道内存那家伙可慢了，有时候难免会遇到停顿等待的情况，浪费计算资源。后来领导交代了，为了充分利用计算资源，不让ALU闲置，遇到这种停顿的情况，就把计算资源ALU挪出来去执行别的计算代码。所以就需要多预留一些执行上下文来保存现场了。"

"这，这，这不就是超线程技术嘛！又抄袭我们CPU。"我几乎脱口而出，说完看了一眼小六。

"怎么能叫抄袭呢，借鉴，是借鉴。"小哥龇着牙笑着说道。

小六突然问了一句："咱们GPU这么厉害，以后是不是都没他们CPU啥事儿啦？"

小哥摇了摇头："这话说得有些吹牛了，我们连中断处理和虚拟内存都没有，还需要借助CPU他们的帮忙才能工作呢，是不可能取代他们的。他们CPU太忙了，又要忙着计算，又要忙着执行IO，处理中断，还有各种复杂逻辑的判断处理，我们就简单了，没有那么多顾虑，就是用计算单元堆出性能，做纯粹的计算工作，人多力量大，又能并行，所以在数学计算方面我们要快得多。不过总体来说我们和CPU是合作关系，不是竞争关系！"

听小哥这么一说，我俩悬着的心总算放了下来，这下回去可算是给领导有个交代了。

我正想得出神，小六从背后悄悄拍了拍我，使了个眼色。

顺着他示意的地方望去，只见刚才那个巡逻正带着几个保安朝我们这边走了过来。

来不及向小哥告别，我俩赶紧溜之大吉……

第 2 章
计算机中的存储设施

一台完整的计算机，只有CPU还不够，还需要能够存储数据和指令的设备。这些存储设备包含CPU内部的缓存、内存条、硬盘等。

这些设备是如何保存数据的？它们之间有什么区别？为什么有的快有的慢？计算机又是如何管理和使用的？

本章将用5个有趣的小故事，回答这几个问题。

2.1 缓存为什么比内存还快

天黑了，计算机已经停止了工作，CPU里的缓存和主板上的内存条聊了起来。

内存："缓存兄弟，为什么人们都说你比我快呢？"

缓存："那是因为我们存储数据的原理不一样。"

内存："有什么不一样，还不都是用电路存储数据，一断电数据就没了，又不像硬盘那家伙，是个机械设备，可以永久存储。"

缓存："就算都是电路，差别也很大啊。我来问你，你是怎么存储数据的？"

内存："我是使用DRAM来存储的，也就是动态随机存储器。"

缓存："具体说说呢？"

内存："你看，这就是我的最小存储单元，1个DRAM单元，可以存储1比特的信息。"

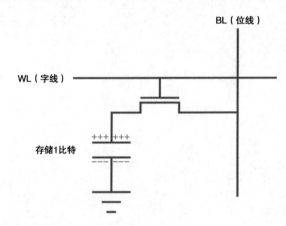

缓存："这是一个MOS晶体管和一个电容？"

内存："眼力不错嘛，数据是靠电容来存储的，电容上的电压在规定的范围内，就是1，否则就是0。通过给电容充放电，就能进行数据写入了。"

缓存："电容，这玩意保存不了太久，会漏电吧？"

内存："是有这个问题，所以我要不停地给它刷新，保持它的状态，要是不刷新，数据就丢掉了。所以叫动态嘛，DRAM。"

缓存："那晶体管是用来做什么的呢？"

内存："那是一个开关，晶体管的栅极连接到了字线（wordline，简写为WL），当这个存储单元被选中的时候，WL上就会有信号，晶体管就会导通，之后就能进行读写，这是MOS管的特性，你应该知道吧！"

　　缓存："这我当然知道，我这里遍地都是晶体管。"

　　内存："嗯，像这样的存储单元，我这里有很多很多，它们排列起来成为一个阵列，就能存储很多个比特了。再结合地址译码电路，选定对应的行和列，就能定位到对应的单元了。"

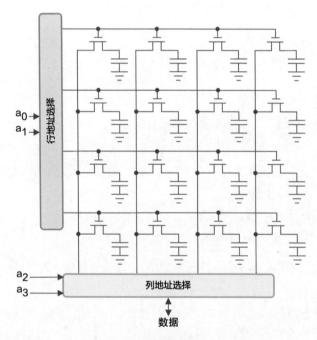

　　缓存："原来是这样，我知道为什么我比你快了。"

　　内存："为啥？"

　　缓存："你这里需要使用电容充放电来实现数据存储，电容这玩意儿，充电比较费时间啊。"

　　内存："确实是这样，那你又是怎么存储数据的呢？"

　　缓存："我跟你不一样，我用的是SRAM电路，是静态随机存储器。"

　　内存："噢？静态，不用像我一样刷新吗？"

　　缓存："不用。"

　　内存："那怎么存储数据呢？"

　　缓存："你看，这是我的最小存储单元，1个SRAM单元，可以存储1比特的信息。"

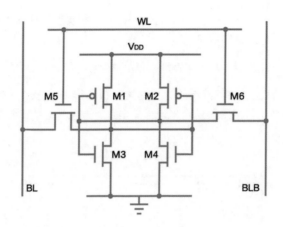

内存看了半天，也没看出个所以然。

内存："给我看晕了，比我的存储单元复杂多了，全是晶体管，没有电容，数据存储在哪里呢？"

缓存："先别急，我来考考你，当字线（WL）上来了代表1的高电平的时候，会发生什么事？"

内存："这还不简单，M5、M6两个NMOS管的栅极都连接到了WL，它俩收到高电平后都会导通。BL和BLB的信号就会穿过它们输入进来。"

缓存："说得不错，如果要写入的数据是1，通过BL线输入，BLB和它相反是0，会发生什么事？"

内存："让我想想，BL上的1穿过M5后，接到M2和M4的栅极。M2是一个PMOS管，不会导通，M4是一个NMOS管，输入1后会导通。"

缓存："M4导通之后呢？"

内存："M4的一端接地了是0，那导通后，另一边也是0了，这个0和来自M6的输入汇合了。刚好BLB也是0，那汇合后还是0，输入到了M1和M3的栅极。"

缓存："然后呢？"

内存："M1是PMOS管，输入0后会导通。M3是NMOS管，输入0后不导通。M1的一端连接了电源是1，导通后另一端也是1，刚好和来自M5的输入1汇合，这不巧了吗？"

缓存："这可不是巧合，是特地这样设计的。"

内存："可我还是没看出来，这怎么就能存储数据呢？"

缓存："别着急，接下来就是见证奇迹的时刻。如果现在WL上的信号变成0，会发生什么事？"

内存："WL变成0后，M5和M6就都无法导通了，BL和BLB上的信号就进不来了。"

缓存："那现在M1~M4是什么状态？"

内存想了半天，疑惑地问道："M5和M6断开了，好像并不影响M1~M4的状态呢，它们几个互相纠缠作用，构成了一个稳定的小型系统。"

缓存："唉，你说到点子上了！正是因为这几个晶体管的互相作用，它们能够保持之前的状态，而M5和M6又是断开的，此刻无论BL和BLB上的信号如何变化，都不会传导进来。所以它们几个维持住了这个状态，就可以用这个状态来表示一个比特位信息，比如现在的情况就可以用来表示把BL线上输入的1存储起来了。"

内存："那要怎么读数据呢？"

缓存："很简单，重新给WL线加上高电平，打开M5和M6两个晶体管开关，里面的信号就会顺着M5和M6传导到BL和BLB线上去，检测BL线上的信号就能知道这个存储单元里面存储的是1了。如果之前通过BL输入的是0，也是一样的道理，你可以再自己分析一下。"

内存："有点意思啊，我再想想输入0的情况。"

内存又琢磨了一会儿，兴奋地说道："妙啊！这个设计可太妙了。"

缓存接着说道："和你差不多，把这样的存储单元复制粘贴组成一个庞大的阵列，就能存储很多数据了。"

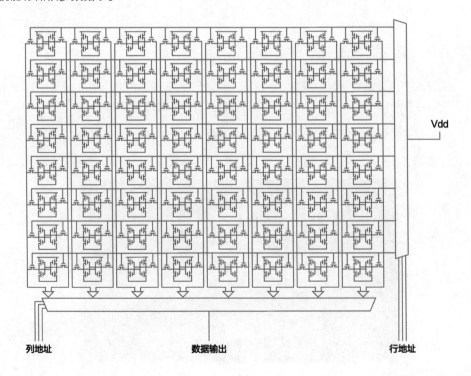

缓存："嘿嘿，因为没有依靠电容充放电，全都是晶体管的导通与断开，速度非常快，所以比起你的DRAM要快得多哦。"

内存："真是个好东西，为啥我们内存条不能也用SRAM呢，这可快多了啊。"

缓存："你没发现SRAM的存储单元很费晶体管吗？"

内存："也是，你这都花了6个晶体管了，就为了存储1比特，是有点奢侈啊。"

缓存："所以嘛，一方面成本高，另一方面，占用的空间也大啊，你看你才1个晶体管+1个电容，多省空间。你们可以做到几十GB大的容量，而我，都是KB、MB级别的，和你完全没法比啊。"

内存："啥，你才这么点空间，这也太小了吧。"

缓存："没办法，这世界上没有十全十美的事情。计算机工作主要还是要靠你来存储数据，你可是必不可少的组件，至于我嘛，只能算是锦上添花，让计算机更快一点儿而已。"

听了这话，内存害羞地低下了头，心里却满是得意。

不知不觉夜已深，计算机里恢复了安静，缓存和内存都开始休息，为第二天的工作养好精神。

2.2　内存条是如何存储数据的

我是一个内存条，刚刚从深圳的一个工厂里被生产出来，和我一起的还有一批小伙伴，长得跟我一模一样，下了流水线后我们就被扔进了一处黑暗的角落。

"这是哪里啊，黑漆漆的。"一个小伙伴说道。

"这里是内存条仓库。"黑暗中有人在说话，声音中略有一丝沧桑，像是一个老头儿。

这里是内存条仓库
Here is the memory bar warehouse

"谁？谁在那里？"

"别怕，我也是一个内存条，比你们早几个月被生产出来。"那老头儿说道。

"啥，你都被关在这里几个月了，完了完了。"小伙伴急了。

"不是的，我出去过，后来被发现是残次品，又被回收了关在了这里，你们跟我不一样，刚刚生产出来，应该很快就能出去，被安装到电脑主板上，实现你们的价值。"

"电脑主板？那是什么地方？"我好奇地问道。

那个声音继续说道："那是计算机最核心的地方，是一个巨大的电路板，上面住着CPU、硬盘、网卡、显卡、声卡，当然，还有我们内存条。计算机必须有我们才能正常运转，因为CPU工作需要的指令和数据都存储在咱们内存中。"

刚说完，我们身边亮起了灯光，这时，我们才看清我和小伙伴们的样子。

"我们身上那几块黑乎乎的东西是什么，真是有点拉低颜值啊！"

"你可别小瞧了它们，那可是咱们内存的核心存储芯片，我们的数据都是放在这里面的，它们一个就有1GB空间，总共16个，那就是16GB的空间呢！"那老头儿又开口说道。

奇怪的是，我们还是看不到他。

"你在哪里，怎么亮了灯还是看不到你呢？"一个小伙伴问道。

"我在隔壁的柜子里，像我这种残次品估计是没机会出去了。"

"你刚才说16个存储芯片，这不是明明只有8个吗？"

"你转过身去看看，背上还有8个呢。"

我们几个纷纷转身看去，果然如此。

老头儿继续说道："除了存储芯片，还有PCB电路板和金手指，这三部分共同构成了我们的身体。"

"金手指是什么东西？"

"就是脚下那一排土豪金颜色的部分了，那是我们连接主板插槽的接触点，一面有120个，两面就是240个，因为每个点看起来像手指，人们就把这叫作金手指了。"

"那为什么中间留了一个缺口呢？"

"我们的每个金手指都有不同的功能，正反面可不能弄混，为了防止愚蠢的人类把我们插错，所以中间留了一个缺口，要是弄反了可是插不进去的。通过主板上的电路，我们就能接通计算机的总线系统，可以和CPU对话了。"

原来如此，我们都若有所思地点点头。

2.2.1　数据存储

接下来，这位老头儿还讲了很多我们内存条先辈的故事。

原来，我们还有一个更专业的名字：RAM，随机存储器，因为我们可以随意读写任意位置的数据。

老头儿还说，现在计算机基本上都是二进制的，不管什么样的数据或者代码指令，在我们这里都是一串串的0和1的比特位。

为了存储这一个比特位，我们的先辈们可是费了不少工夫！

曾经有两种电路方案摆在先辈们的面前，第一种是静态方案：

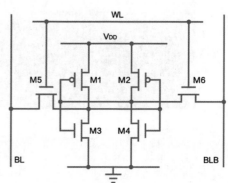

是不是很复杂？我也觉得。这种电路方案的好处是可以稳定地维持在0和1之间的某个状态，所以叫静态SRAM。

但是需要用到的晶体管实在太多了，一个比特位就要用好几个晶体管，16GB那得用多少才够啊，成本太高了，造出来我们的个头肯定会特别大，主板上空间这么局促，哪里装得下啊。

先辈们没有选择这种方案，而是用了第二种方案：

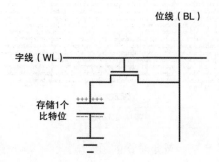

看，是不是简单了许多？通过一个电容器的电荷就能决定这是一个1还是一个0。

在我们身上的每一个存储芯片里，这样的比特位存储单元都有很多：

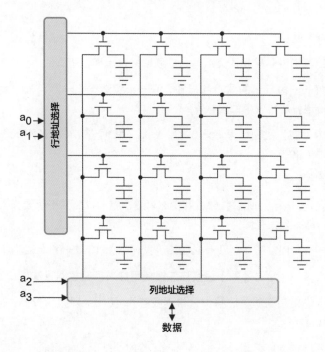

再缩小一下看，它们密密麻麻地排列着，每一个比特位都是由行地址和列地址来确定的：

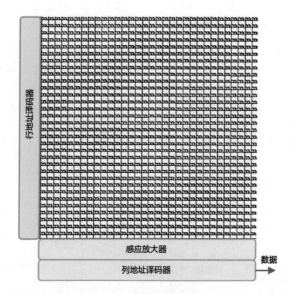

但这种电路方案有个毛病，就是里面的那个电容会"漏电"，电容中的电荷会慢慢消失，电压也就变小了，这样就没办法区分表示的是1还是0了，为了解决这个问题，必须周期性地去给它们充电，才能维持数据的稳定，这叫动态数据刷新，所以这种方案叫动态DRAM。

2.2.2　内存编址

老头儿正给我们讲得兴起，突然有人把我们打包起来，所有的小伙伴都被分开了。

又经过了好长一段日子的黑暗和孤独，有一天突然咔嚓一声，我的金手指和卡槽连接了起来，难道这就是传说中的主板吗？

"你就是内存啊，我们可等你好久了，你来了我们总算可以开始工作了！"旁边一个家伙和我打起了招呼。

"你是哪位啊？"

"你好，我是CPU里的阿Q，你看就在你隔壁，咱们以后少不了要天天打交道了。对了，快告诉我，你有多大存储空间？"

我检查了一下，回答道："我有16GB空间，也就是137438953472个比特位！"

"哇，这么多！太给力了！不过我该怎么使用你来存储数据呢？"

"这简单，你要访问哪个比特位，告诉我芯片号、bank号、行地址、列地址，我把数据取给你不就行了吗！"

"怎么这么麻烦？你这是不讲武德啊，这些内部细节应该封装一下，提供给我一个简单接口就是了。"阿Q吐槽道。

"两位大哥，看这里。"这时，主板上不远处又有一个家伙开口了。

"你是谁？"我和阿Q异口同声地问道。

这家伙眯着眼说道："我是内存控制器，是专门为二位服务的。"

"啥，你要控制我？"

"别误会，我就是一个中介，为两位提供服务而已。"

见我俩一头雾水，这家伙接着说道："内存老哥，你的存储数据电路单元中的电容是不是经常漏电，需要定时刷新？而且按照规定，最多64ms就要刷新一次？你放心，这数据刷新的工作以后就交给我了。"

"你怎么知道？"

这家伙笑了笑继续说道："这算啥，我还知道你的数据存储在你身上的每一个存储芯片之上，每一个芯片里面又分了很多个分片，每个分片里面又有很多的比特位存储格子。想要访问哪个比特位，就要指定对应的芯片、对应的分片、对应格子的行地址和列地址，我说得对不对？"

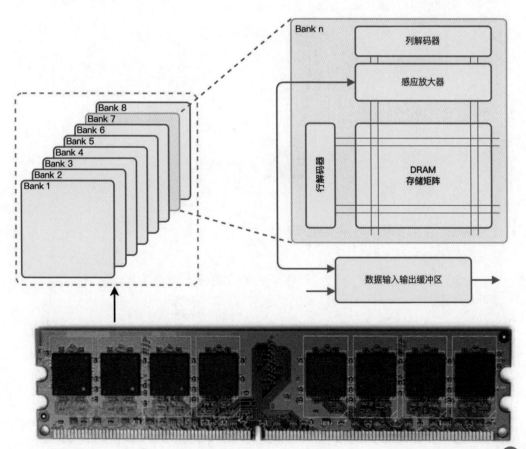

我点了点头，没想到这家伙居然对我了解得这么清楚。

"阿Q啊，你们CPU这边想要访问数据，肯定不想这么麻烦吧？"这家伙笑着问道。

"那当然！"

"所以啊，我就派上用场了啊，用比特位作为读写单元太麻烦了，咱们按8个比特位为一组，叫作一字节，你们CPU这边统一给内存兄弟的存储空间编址，以后要读取数据的时候呢，就把地址交给我，我再告诉内存兄弟具体是读写哪个芯片哪个分片的哪些位置，怎么样，是不是为你们解决了大麻烦？"说完，内存控制器露出了得意的笑容。

"听上去不错啊，咱们开始吧！"

"现在还不行，还没通电呢！"

不过我们没等太久，就听见一阵嘶嘶声响，来电了！

随后我们就开始配合工作起来，初次见面，就合作得非常顺利，CPU对我所有的存储位按照字节为单位进行了统一编址，以后只需要一个地址，内存控制器就将这个地址转换为具体的数据存储位置交给我，我再完成读写操作就可以了。

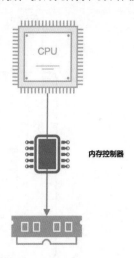

后来，看到内存控制器表现非常不错，在阿Q的牵线下，还把它集成到了CPU内部，现在成为了他们的一分子了！

我和CPU一直相处得不错，可没过多久，他们居然开始嫌我慢了，要说慢，硬盘那家伙可比我慢多了！

他们发现拿我没有办法，于是在CPU内部又搞了一个缓存出来，不用每次都问我要数据，倒是给我省了不少工作量。

我的日子就这样过着，本以为就要在这主板上干到退休，没想到那一天，一个浏览器程序告诉我说：“内存大哥你完了，刚刚我看到主人在网上买新的DDR4内存条，你要被淘汰了。”

难道我也要被打入小黑屋了吗？

2.3　多个CPU如何共同访问内存

我是CPU一号车间的阿Q，前一阵子我们厂里发生了一件大喜事，老板拉到了一笔投资，准备扩大生产规模。

不过老板挺抠门的，拉到了投资也不给我们涨点工资，就知道让我们拼命干活，压榨我们的劳动力。

老板说了，投资的钱要用来添置设备，招聘新员工，咱们原来就有8个车间了，这一下直接翻番，变成了16个！我们的工资要是也能翻番就好了……

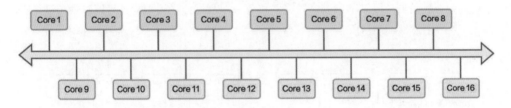

现在我们变成了一个16核的CPU啦！

原以为我们的生产效率也能翻番，没想到却遇到了新的问题。

我们CPU里面各个车间访问内存都要通过内存控制器和总线系统，有时候碰到几个车间都要访问内存，就要竞争。

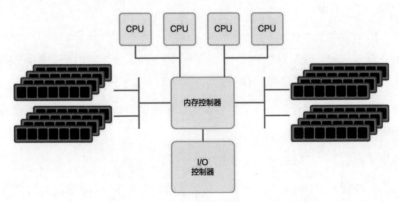

以前我们8个车间的时候竞争情况还不是很激烈，大家互相谦让一下也就罢了。现在

变成了16个车间都要过独木桥，这竞争一下就激烈了，尤其是我们这帮老员工基本不会让着新来的，为此经常发生不愉快。内存访问出现了瓶颈，性能自然折损严重。

2.3.1　NUMA架构

老板把这一切看在眼里，私下找了我、二号车间的小虎还有总线主任开了一个小会。

"你们几个都是核心员工，对咱们目前的问题你们怎么看？"老板问我们几个。

我和小虎互相瞅了瞅，都没说话。

这时总线主任开口了："老板，现在的关键问题是访问内存的路只有一条，大家都要来挤，难免会发生摩擦，影响工作性能。要想从根本上解决问题，最好再建一条路。"

"再建一条路，什么意思？"

"我建议把新扩建的那8个车间独立出去，单独在一个CPU里面。然后再把内存分一下，让两个CPU各管理一部分。一来可以减少新老员工之间的矛盾，二来可以减少大家访问内存拥挤造成的资源浪费。再说了，万一以后继续扩大规模还可以继续用这个办法。"总线主任继续说道。

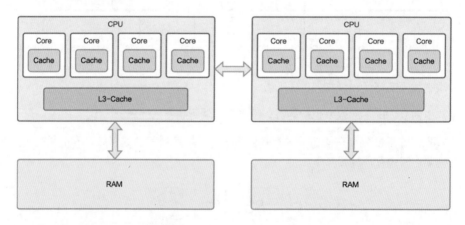

领导正低头思索，我倒是想到了一个问题："主任，要是我们一号核执行的线程要访问的内存页面不在我们这边管理的内存上，在他们那边怎么办呢？"

"嗯，这样的话，两个CPU之间需要通信，如果访问的内存不在自己管辖的范围，就要互相帮忙传递一下。"

老板拍了下桌子："好主意！就这么办！"

第二天，老板召集16个车间的代表，总线主任，还有操作系统那边负责内存管理的负责人，一起开了一个大会，会上正式通过了新的技术方案。

还给这项技术起了一个名字：NUMA（Non Uniform Memory Access），非一致性内存访问。

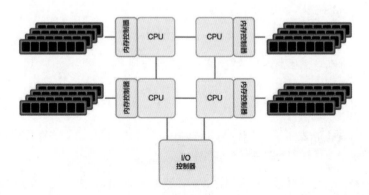

现有的16个车间拆分成两部分，成为两个CPU，组成两个NUMA节点（Node），每个节点直接连接一部分内存，两个节点之间有专门的inter-connect（内连接）通道。各节点直接访问自己管理的内存叫作本地访问（Local Access），通过inter-connect通道访问其他分厂管理的内存叫作远程访问（Remote Access）。很显然，前者的访问速度要比后者快得多，所以这也是这项技术名字的由来：非一致性内存访问。

新的组织架构调整过后，厂里的工作效率提升不少，矛盾摩擦也少了很多，又可以愉快地干活了。

2.3.2　操作系统支持

我们的组织架构调整了，操作系统那边可忙坏了。为了支持新的架构，操作系统不得不配合着做一些调整。

首先是缓存的问题，操作系统的进程和线程调度管理部门需要注意尽量不要跨NUMA节点调度线程，不能让一个线程一会儿在隔壁NUMA节点运行，一会儿又在我们这边节点运行，要不然建立的缓存就失效了。

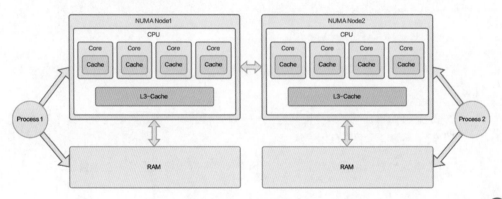

还有就是内存亲和性的问题了，为了能得到更快的内存访问速度，操作系统的内存管理部门制定了一个内存分配策略，线程在哪个NUMA节点内执行，就把内存分配到那个节点直接连接的内存中，避免跨节点的内存访问。

还别说，操作系统这么一优化调整，工作效率真是提升了不少呢。

然而好景不长，就因为这个调整，新的问题又出现了。

2.3.3　内存分配问题

最近一段时间，发生了一件怪事，不知道怎么回事，我们这边节点管辖的内存很快耗光了，但隔壁节点管理的内存还有很多空间。

操作系统不去分配那边的内存页面，却让我们一个劲地把内存页面交换（swap）到硬盘上去，腾挪空间。我们花了大量时间在这上边，搞得我们业绩下滑，还比不上隔壁节点那帮新人。

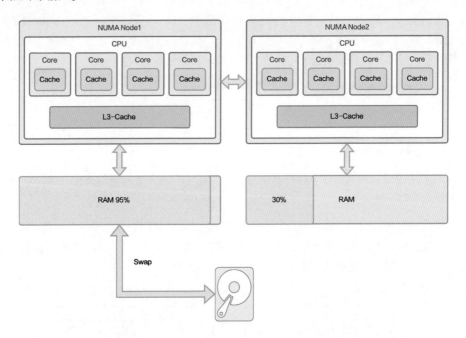

终于有一天，我忍不了了，和厂里几个老家伙，把操作系统内存管理部门的负责人叫来了。

"你们怎么回事，就不能分配隔壁二号节点管辖的内存吗，明明还有那么多空间，却让我们忙个不停。"我有点生气。

这位负责人也是满脸无辜地说道："不瞒你们各位，前几天有人在这台计算机上安装了一个新的服务，叫MySQL，这家伙是个吃内存大户啊，上来就要吃掉几十GB，你们这边管辖的内存大半都被它吃掉了。"

小虎问道："这跟我们有什么关系，你别推卸责任啊。"

"上次我来开会，你们不是搞了个什么NUMA架构嘛，访问本地连接的内存要比访问远程内存快一些，所以我们制定了内存亲和性策略，线程在哪个NUMA节点执行，就把内存分配到哪个节点直接连接的内存，想着这样能提升性能。"

"那也不能死脑筋啊，访问远程内存虽然比不上访问本地内存快，那也比一个劲地把页面从内存和硬盘上换来换去的强啊，你真是好心办坏事！"

被我们这样一说，他也意识到了这样做的问题："我回去反馈一下大家的意见，调整一下我们的策略。"

过了几天，操作系统那边上了新的内存分配策略，将内存均匀地分配到各个NUMA节点，我们再也不用哼哧哼哧地把数据在内存和硬盘之间搬来搬去了。

NUMA虽好，可要是用得不好，只会徒增烦恼啊！

💬 小提示

> 1. 其实16个核还不至于造成总线拥挤，本节如此表述仅因为故事叙述需要。
>
> 2. NUMA节点和物理CPU并不是一一对应的，实际情况可能会更复杂。

2.4 机械硬盘存储数据的原理

夜深了，程序员阿飞还在电脑前忙碌着。

不知道是眼花了还是头晕，眼前的电脑屏幕逐渐变得模糊，里面的内容竟还慢慢转了起来。想来肯定是熬夜过于劳累，出现了幻觉，阿飞这样想着，揉了揉眼睛。

突然，电脑屏幕发出了刺眼的光线，阿飞只感觉白茫茫一片，被一股强大的力量拉向屏幕，随后便晕了过去。

不知过了多久，迷迷糊糊中，阿飞睁开了眼睛，眼前一片黑暗，只有很远的地方有一丝微弱的光亮。

阿飞起身正要检查，一个巨大的东西从远处飞了过来，在阿飞头顶不远处的地方快速掠过，吓得他下意识一闪。

阿飞来不及看清，那东西已经远去。

在往后的时间里，每隔一会儿，那东西就出现一次，非常有规律。

阿飞开始仔细打量起这地方来，头顶的方向一片漆黑，只有那东西出现的时候有短暂的光亮。而脚下的方向，阿飞发现了无数的小颗粒依次排列着，由近及远，望不到头。

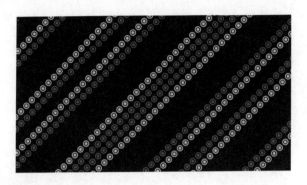

"有人吗？"阿飞小声问道。

"有！"没想到还真有人回答。

"谁在说话？这里是什么地方？"

"我是一个文件，在你隔壁扇区呢？"那声音说道。

文件？扇区？阿飞听得"一脸问号"，又问道："别开玩笑了，这到底是什么地方啊？"

"我没开玩笑啊，这里是硬盘。"那声音接着说道。

阿飞想起刚才自己被电脑屏幕吸了过去，难道自己进入了计算机的硬盘里？一想到这里，后背都惊了一身冷汗。

"这些小颗粒是什么东西？"阿飞看了一眼脚下问道。

"新来的不清楚吧，那是金属磁粒。"

"什么是金属磁粒？"

"那是机械硬盘的盘面上用来存储数据的东西，咱们的数据就是靠它们存储表示的，金属磁粒是有极性的，多个磁粒组成一个单元格，用来表示一个比特位，单元格中的磁粒方向朝上，就表示1，方向朝下，就表示0。"

阿飞恍然大悟："原来是这样，难怪以前把硬盘又叫磁盘。"又接着问道："那为什么不是左右，而是上下呢？"

"还真让你说对了，早期的硬盘就是水平式记录数据的，不过现在的硬盘都改成了垂直式记录数据了，因为这样更省空间，单位面积可以容纳的单元格更多了，硬盘的存储容量也提升了很多。"隔壁的文件说道。

阿飞点了点头，原来这机械硬盘是这样存储数据的。

"唉，你怎么知道得这么多？"阿飞有些好奇。

话音刚落，那个巨大的东西又从头顶掠过。

"这是个什么东西？怎么老是在我头顶转悠？"阿飞小声嘀咕着。

"那是磁头。"

"磁头？"

"没错，磁头是硬盘读写数据的触手，硬盘要读取或者写入数据，都靠它来完成。"

"那它怎么飞来飞去的？一会儿来一下，一会儿又来一下。"

"那可不是它在飞，而是咱们脚下的这块盘片在转动导致的。"

"我们在转动？"阿飞有些不敢相信。

"没错，这块硬盘每分钟可以旋转7200转呢！"

"这么快？我怎么感觉不到？"

"地球还在转动呢，人类不也一样感受不到吗？"那文件笑着说道。

正说着，那个叫磁头的东西又转了过来，而这一次，磁头靠得比以往更近，正好从阿飞的正上方掠过，这一次阿飞看清楚了，在磁头末端的地方，有两个装置，一大一小。

眼看就要撞上了，阿飞吓得闭上了眼睛。

"已经走了，瞧把你吓的。"隔壁那文件扑哧一笑。

阿飞睁开了眼睛，那东西果然已经不见踪迹。

"刚刚发生了什么，距离我好近，我还以为要撞到我，吓死我了。"阿飞说道。

"不用担心，刚才是磁头在读取你的数据呢，虽然距离很近，只有几纳米，但绝对不会撞上的，那样硬盘就算毁了。"

"读我的数据？我怎么什么感觉也没有，它怎么读的？"

"磁头的尾端有两个东西，一大一小，分别是写磁头和读磁头，悬浮在硬盘盘面几纳米的地方，读磁头扫过的时候，通过电磁技术可以检测到下方单元格中磁粒的极性，就能分辨是0还是1了。"

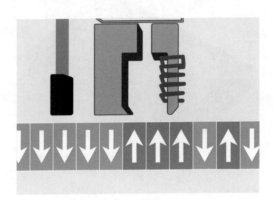

"你说的那两个东西，我刚才看到了，原来那就是读写磁头。你说的数据读取过程听起来有点像留声机把唱片上的纹路转变成声音的过程。"阿飞说道。

"嗯，你这理解得不错，就是那么个意思。"

"读我知道了，那如何写入数据呢？"阿飞追问道。

"旁边的写磁头可以通过磁场改变单元格中金属磁粒的极性，将其设定为1或者0。"

"妙啊！"阿飞不禁感叹道，人类真聪明，工业技术真强大，能在这样大小的空间里发明出这么精巧的玩意儿。

"你怎么懂得这么多啊，什么都知道。"

"因为我是一个PDF文档，内容讲的就是"机械硬盘存储原理"，我说的这些都记录在文档中呢。"

"那你再给我说说，这硬盘这么大，一眼望不到头，它怎么知道我在哪个位置？"

"这硬盘容量虽大，但上面的存储位置都是经过统一编址的，想找到你轻而易举。"

"哦，具体怎么实现的？"

"硬盘由多个盘面叠在一起，盘面是个圆形，从里到外被划分了许多圈，也就是磁道，每个磁道又被划分了许多个扇形区域，也就是扇区，硬盘的读写都是以扇区为单位进行的，一般情况下一个扇区的容量是512字节。"

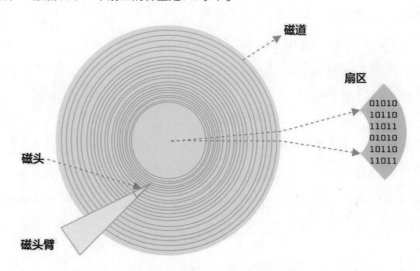

"哎，等一下，既然是扇形，那外圈的扇形面积比内圈大，如果每个扇区都是固定存储512字节，那外圈扇形不是浪费了不少面积吗？"阿飞问道。

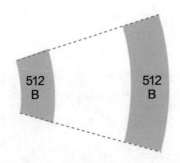

"你脑子转得还挺快，不错，早期的硬盘就是这样的，每个磁道的扇区数都是一样的，这样寻址计算方便，但这样就会导致内圈的扇区小，数据密度大，而外圈的扇区大，数据密度小。不过现在的硬盘为了提升容量，不会允许这种事情发生，不同磁道的扇区数不再一致，内圈面积小，扇区数少，而外圈面积大，扇区数就会更多一些。"

阿飞陷入了思考，脑子里开始想象那一圈又一圈的磁道。

那文件接着说道："读写数据的时候，硬盘的驱动程序通过计算将会知道数据在哪个盘面，在哪个磁道以及所在的扇区编号。先通过磁头臂将磁头移动到对应的磁道上方，这个过程叫作寻道，接着等待对应扇区旋转到磁头下方就可以开始读写数据了。"

"一个扇区才512字节，如果超出怎么办呢？"

"那就需要占据多个扇区，这个问题，该交给文件系统来解决，具体我就不太懂了。"

刚说完，那东西又一次来到了阿飞的正上方。

"奇怪，怎么又来读我的数据。"阿飞有些纳闷。

"你完蛋了，你这个外来入侵者，杀毒软件已经发现了你，马上就会把你清除！"不远处传来了一个声音。

"谁？谁在说话？"听到要把自己清除掉，阿飞一下又紧张起来。

"好像是内存那边传来的声音，可能是某个软件程序吧。"隔壁的文件说道。

刚说完，那东西又飞了过来，这一次，写磁头对着阿飞的方向袭来，越来越近。

阿飞吓得惊叫了一声，眼前的一切消失，只剩下自己的电脑在面前，原来一切竟是一场梦。

2.5 硬盘那么大，计算机如何管理

我是一个文件，我的内容只有一个字符：A。

你可能看出来了，我的文件大小是1字节。

虽然我只有1字节，但在硬盘上，我足足占用了4KB的存储空间。

2.5.1 扇区和块

我所在的地方是一个机械硬盘，在这块机械硬盘上分了很多盘面，每个盘面又分了很多环形的磁道，每个磁道里面又分了很多小的扇区，一个扇区的容量是512字节。

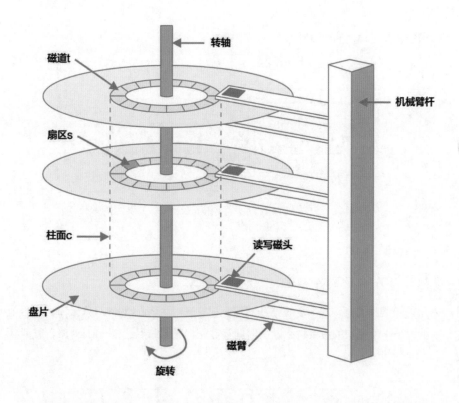

这机械硬盘脾气古怪，读写都必须以扇区为单位进行，即便你只想读取我那一字节的数据，也得把我所在的那个扇区一起读出去。

操作系统的脾气就更古怪了，连以扇区为单位读写它都嫌费事，它把几个连续的扇区当成一个整体，叫作块——block，读写都以块为单位进行。

如果是由2个扇区构成的块，那就是1024字节，如果是4个扇区构成的块，那就是2048字节，不过最常见的还是我所在的这台计算机上以8个扇区构成的块，也就是512×8=4096字节。

现在你知道为什么我虽然只有一字节，但却占据了4KB的空间了吧。

以4KB大小的块为单位管理硬盘空间，文件系统就是这么"豪横"！

2.5.2　块位图

为了知道哪些块是空着的，哪些块已经被使用，要找个地方把各个块记录起来。

负责这件事的是操作系统中的文件系统，文件系统很聪明，他用了一个叫位图的东西进行记录，每一个比特位表示一个一个块，0表示空闲，1表示占用，他把这东西叫作块位图。

你可能会问：块位图本身又该放在哪里呢？

不用担心，文件系统专门分配了块来存放块位图，比如放在第一个块里面。

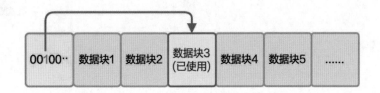

这样一来，文件系统在存储数据的时候，就能快速找到可以用的数据块了。

2.5.3　inode

这块硬盘的容量非常大，想找一个4KB的块简直是大海捞针。

为了能快速找到我，操作系统把我的信息记录在一个叫inode的对象里面，这里面记录了我的大小、所在块的位置、权限、时间等数据，只要拿到这个inode对象，就能找到我了。

不只是我，这块硬盘里的每一个文件都有一个inode对象。

你可能又想到了一个问题：这些inode对象又该存在哪里呢？

和块位图一样，操作系统也专门分配了块来充当inode表，这些inode对象每一个都是128字节，整整齐齐地排列在表格中，每一个inode都有一个号码，拿着inode号码，就能查表找到inode对象，进而找到文件。

inode表

```
0
1
2
3
4
5
6
7
```

为了知道inode表格中哪些地方空闲，哪些地方可用，操作系统又单独分配了存储块来存储inode位图，就像块位图一样。

现在，整个硬盘的格局是这样的：

| 块位图 | inode 位图块 | inode表 | 数据块1 | 数据块2 | 数据块3 | ...... |

这样的inode对我这样的小文件是够了，但是有很多文件可比我大多了，一个数据块是远远不够的，它们可能需要占用多个数据块，只使用一个数据块号不足以描述文件的位置信息。

也许你觉得可以这样，让文件连续存储在多个数据块中，inode里只需要记录第一个块的编号和块的数量就可以了：

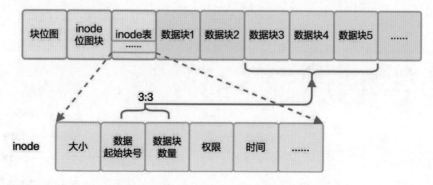

这样倒是简单，但文件连续存储的后果就是会造成大量的空洞块，最后明明有很多空间，却存不下一个文件：

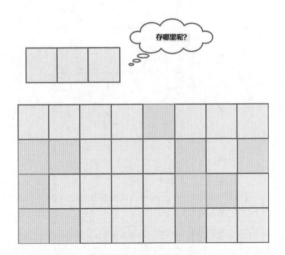

所以，聪明的操作系统自然不会选择这样拙劣的方法，而是允许文件分散存储在不同位置的数据块中。

这样一来，inode里面就要记录这个文件占用的所有数据块编号了，就像这样：

inode	大小	数据块1 位置	数据块2 位置	……	数据块N 位置	权限	时间	……

但一个inode对象的空间是有限的，只有128字节，没办法容纳太多信息，而现在的文件上GB都很常见，所以不可能在inode对象里把所有数据块的编号都存下来。

聪明的文件系统想了一个办法：专门拿一个块出来记录文件的数据块编号信息，并把这个块的信息记录到inode中，这就是一级间接索引：

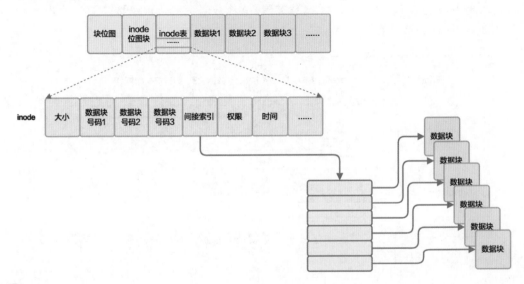

按照这种思路，还可以有二级索引、三级索引，这样，文件大也不用怕了！

现在，通过文件系统，你只需要拿着一个inode号，就能在inode表中找到inode对象，进而在硬盘上找到我了。

2.5.4　目录

不过，让你们人类记住我的inode号，还是有些强人所难了。

你们还是更喜欢给我起一个名字，比如：A.txt，然后通过这个名字来找到我。

所以最好还能有一个表格，把文件名转换成inode号：

那这个像表格一样的东西又该存放在哪里呢？

寻找一个数据块来专门记录这个表格似乎是一个不错的办法。

不过要是这个硬盘上有一亿个文件，那这个表格不得有一亿项？要找到我不得翻半天？

要是可以分门别类，按照层级来管理这么多表项，会更合理一些。

你是不是已经猜到了？对，这个玩意儿就是目录。

可以单独使用一个文件来存储这个表格，并把它叫作目录，里面的每一项都是一个目录项，目录文件里面记录的内容就是属于这个目录下的所有文件，通过目录项，就能将文件名"翻译"成inode号。

目录项里面记录的文件可能也是一个目录文件，这就是子目录。

现在，你只要找到我所在的目录文件，就能找到我。

想要找到我所在的目录文件，就得去找它的上一级目录文件，如此反复，直到最顶级的根目录。

那如何找到根目录文件呢？

可以把它存放到inode表格开头固定的位置，然后只要顺着这个根目录文件，逐级向下，你就能找到任意一个文件所在的目录文件，然后在它里面拿到文件的inode号，进一步找到inode对象，最后找到这个文件。

2.5.5 块组、组描述符、超级块

现在这块硬盘上，有了块位图，能知道哪些数据块已经使用，哪些还空着。

有了inode位图，能知道inode表里哪些表项已经使用，哪些还空着。

有了inode表，能定位到目录和文件。

现在还有一个问题，来看看inode表，一个inode对象的大小是128字节，一个块只能容纳4096/128=32个inode对象，一个硬盘怎么可能才保存32个文件？

所以只用一个块做inode表肯定是不够的，要有多个才行，既然有多个，就得把它们的位置信息记录起来。

那就再拿一个块来记录这些信息吧，暂且把它叫作：描述符，顺便把块位图、inode位图块的位置信息一起记录下来。

现在，硬盘上的格局变成了这样：

不过这还不够，一个块才4KB，拿它来充当块位图，最多也就能表示8×4096=32768个数据块，也就是32768×4KB=128MB，要是硬盘空间比这大怎么办？

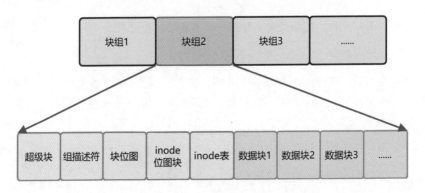

聪明的文件系统很有想法，既然硬盘空间比这还大，那就把这些块划分出多个组，每一个组里面再单独管理不就行了，它把每一个区间叫作一个块组，也就是很多块合在了一个组的意思，原来的描述符就是组描述符。

但分成多个块组以后，又有一个新的问题：如果想知道硬盘总共使用了多少块，还剩多少块，还得一个组一个组地去统计，最后再加起来，每次都要这样做的话，实在太麻烦了！

干脆再拿一个块来记录这些全局信息吧，把它叫作超级块，放在第一个块组的最前面。

2.5.6　引导块、分区DBR和MBR

现在，一个完整的文件系统存储格局已经出来了。

但现在这个文件系统还不能直接拿去管理硬盘空间，因为一个硬盘上可以有多个分区，每个分区都可以拥有不同的文件系统。

所以，上面的那一套规则，只对硬盘的某一个分区有效，而且每个分区的开头，还有一个启动扇区（DBR），安装操作系统的时候，引导程序就会被写到这里，所以还要在最前面准备一个引导块。

最后，还要找一个地方把所有分区的信息记录起来，它位于硬盘的第一个扇区，同时肩负着引导操作系统的重要使命，它的名字叫主引导记录——MBR。

所以实际上的硬盘格局是这样的：

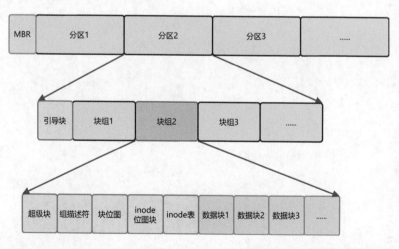

就这样，一块完整的硬盘被划分成几个分区，再通过文件系统来组织管理每一个分区，就能用它来存储文件了！

对了，上面这个文件系统，它的名字叫作ext2。

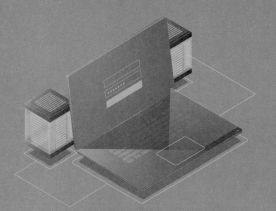

第 3 章
数据的输入与输出

有了CPU和存储设备，还是不够，一台完整的计算机，还需要
输入和输出的能力。这是冯·诺伊曼体系下的计算机必不可少的
组件。

CPU如何接收外部的数据？它和外部设备之间如何通信？计算
机内部的各个组件又是如何通信的？

在这一章里，我们专注在计算机的I/O上，用几个小故事去了解
计算机是如何处理数据的输入与输出的。

📷 3.1 计算机中的高速公路

我叫阿Q，是CPU一号车间的员工。

前几天，领导宣布了一个好消息：我们收购了主板上的北桥芯片，将要把它的功能合并到我们CPU里面来了！

说起这个北桥芯片，那可有一段故事。

3.1.1 早期的总线系统

如果说主板上谁跟我们CPU关系最好，内存兄弟说第二，估计没人敢说第一。

我们工作所需要的程序和数据都存储在内存中，我们每天打交道最多的就是它了。

内存那家伙的数据全靠它身上那一块块黑色的芯片来存储，想要从它那里要个数据，还得指定数据在哪一块芯片、哪一行哪一列，可麻烦了。

我们CPU取个数据可不想这么麻烦，所以我们不直接和内存条对接，而是通过另一个叫内存控制器的中介来对接，我们把地址告诉内存控制器，它再和内存条完成数据的交互。

但计算机想要正常工作，只靠我们CPU和内存还不行，还需要和主板上的其他设备一起工作才能跑得起来，比如键盘、显示器、硬盘这些家伙，我们合在一起，才组成了一台冯·诺依曼体系架构的完整的计算机。

大家要协同工作，免不了要经常通信和传输数据，但是又不可能每一对设备之间都建立专线，这样太复杂了。

为了解决通信的问题，主板上铺设了一条公共线路，各个设备都连接到这条线路上来，不管谁要和谁通信，都能使用它来传输，这条线路就是总线。

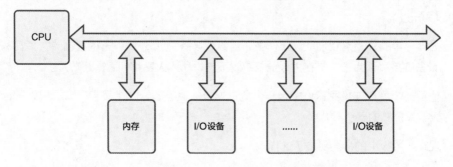

说起来是一条线路，但实际上它包含了传输数据的数据总线，传输地址的地址总线

和进行控制管理的控制总线。

不过因为这条线路是共用的，所以大家不能一起用，不然就乱套了。为了统一管理，还专门安排了一个叫作总线控制器的芯片，由它来统一管理总线，大家要通信就得找它申请，这就叫作总线仲裁。

在很多年以前，那时候的计算机还很简单，这样一条总线就能够满足大家的通信需要了，毕竟那时候的生活节奏很慢，连我们CPU工作频率也很低，不像现在不仅频率高，而且还有多个核。

慢慢地，键盘、鼠标、硬盘、网卡、声卡、显卡等设备纷纷入驻主板，这块地方变得越来越热闹了。

随着入驻主板的设备越来越多，这条总线开始有些负担过重了，尤其是我们CPU的速度开始变快之后，我们之间的矛盾就更加凸显了。

所有设备都这样直接连在一条总线上，不仅通信需求量大，而且对大家很不公平，有的慢，有的快，慢的霸占着总线的时候，其他人想要通信就得等着干着急，严重拖累了整个系统。

尤其是我们CPU和内存之间，要频繁大量地通信，再走这条所有人都使用的总线就非常不合适了。

内存兄弟倒还好，他读写速度很快，但其他那些I/O设备就慢得有点不像话，是时候对这条总线进行改造了。

3.1.2 南桥与北桥

后来，主板上来了两个新的芯片，改变了这一切。

其中一个芯片，离我们CPU比较近，它集成了内存控制器、总线控制器、图形控制器，我们要访问内存和显卡都得经过它。因为它总是在主板电路图的上方，所以大家都叫它北桥芯片。

另外一个芯片，离我们就远了一些，它集成了各种I/O外部设备的控制器，负责和这些I/O设备连接。因为它总是在主板电路图的下方，所以大家都叫它南桥芯片。

他俩一个负责连接高速设备，一个负责连接低速设备，加上我们CPU，成为了计算机主板上最重要的三个芯片。

现在，主板上的格局变成了这样：

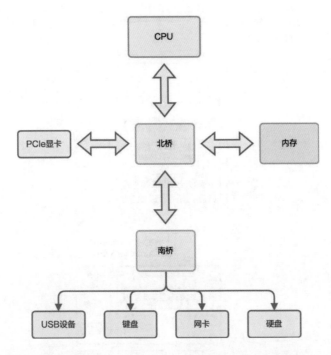

这些I/O设备虽然都比较慢，但彼此之间的速度差异也是相差很大的，而且接口也都各不一样，如果把它们全部连接在一条总线上，也会遇到之前的问题。所以又对连接到南桥上的I/O设备进一步划分了不同类型的总线，像是PCI总线、USB总线、SATA总线等，用来连接不同类型的设备。

如此一来，整个主板上的设备就从原来的一条总线连接，变成了多个层级总线组成的总线系统。

南桥与北桥就像两个路由器，根据我们CPU访存请求中的地址，完成对数据的路由转发，送达对应的外部设备。

改成南北桥的格局以后，我们CPU和内存之间的通信，再也不用和那些慢如蜗牛的I/O设备争抢总线了，直接通过北桥芯片内部的线路就完成了。

3.1.3 消失的北桥

南北桥的格局持续了很多年，但随着我们CPU的速度变得越来越快，对内存的响应要求也越来越高，还要通过北桥芯片和内存联系就显得不合时宜了。

从那个时候起，我们CPU就把内存控制器集成了进来，我们终于可以单独跟内存兄弟玩耍了！

不仅如此，我们后来又把图形控制器也集成进来，和显卡通信也不用走北桥了。

原来属于北桥芯片干的活儿，都一步一步转移到我们CPU了，北桥芯片也就没有存在的必要了。

现在主板上的格局又变成了这样：

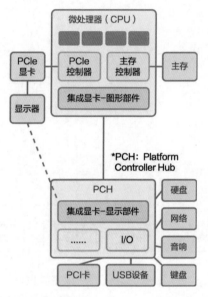

现在只有一个桥了，也就不分南北了。

计算机发展得越来越快，我们CPU内部集成的东西也越来越多，听说在有的计算机上，把CPU和仅剩的那个桥芯片也合并了，完全合并成一个SOC系统，集成度就更高了。

如今的总线系统，和几十年前的已经大不一样了。

3.2 其他设备如何与CPU通信

我是CPU一号车间的阿Q，我又来了！

我们日常的工作就是不断执行代码指令，不过这看似简单的工作背后其实并不轻松。

咱不能闷着头啥也不管一个劲地只执行代码，还要和连接在主板上的其他单位打交道。经常保持联系的有键盘、鼠标、磁盘，哦对，还有网卡，这家伙最近把我惹到了，待会儿再说这事。

原以为内存那家伙已经够慢的了，没想到上面这几位比他更慢，咱CPU的时间一刻值千金，不能干等着，耽误工夫。后来上头一合计，想了一个叫中断的办法。

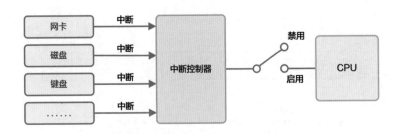

在我们车间装了一个信号灯,这些单位想联系我们办事,就先给我们发一个中断信号,信号灯就会自动亮起。我们平时工作执行代码指令的时候,每执行一条指令就会看看信号灯有没有亮起来。一旦发现灯亮了,就把手头的工作先放一边,去处理一下。

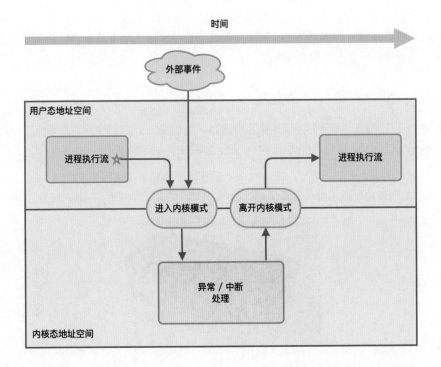

我们记性很差的,等会儿处理完了还得回来接着原来的活继续干,为了等会儿回来还能接得起来,走之前要把当前执行的这个线程的各个寄存器的值,执行到哪里了等这些信息都保存在这个线程的栈里去。

不过有时候我们在执行非常重要的事情的时候,就不想被他们打断。于是我们又在车间里那个eflags寄存器中设置了一个标记,如果是1,我们才允许被打断,如果是0,那就算天王老子找我们也不管了。

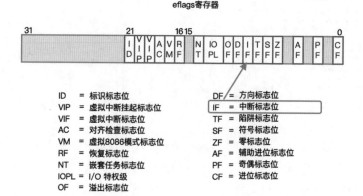

哦不对，还有一种不可以屏蔽的中断NMI，走的是绿色通道，不受这个标记的控制。不过我可不期望有这种事情发生，因为一般都不是好事，不是电源断电就是温度过高，或者总线出了错误等这类严重的事情。

3.2.1　8259A可编程中断控制器

还有一个问题，找我们办事的单位有很多，我们要区分开到底是谁来消息了，而且要是他们一起来找，按什么优先级顺序处理，也是一件头疼的事情。

为此，主板上专门设置了一个芯片来负责此事，他就是可编程中断控制器PIC，外号8259A，其他单位想联系我们都得通过这个PIC，我们只需和PIC进行对接就可以了。

我们给办事单位都分配了一个编号，叫作中断向量。我们还准备了一个表格叫中断描述符表IDT，表格里记录了很多信息，其中就有处理这个中断号对应的函数地址。我们找PIC拿到编号后执行处理函数就OK了。

这个表格有点大，足足有256项，咱CPU车间空间有限，放不下，就把它放在内存那家伙那里了，为了能快速找到这个表格，专门添置了一个叫idtr的寄存器指向这个表格。

其实除了中断，我们在执行指令的时候如果遇到了异常情况，也会去这个表里执行异常处理函数，最常见的比如遇到了除数是0、内存地址错误等情况。

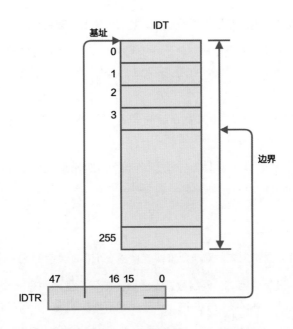

在这种情况下，我们必须主动放下手里的活儿，去处理异常，所以我们也说异常是同步的，而中断不知道什么时候发生，所以是异步的。

3.2.2 APIC高级可编程中断控制器

8259A干得挺不错，不过后来咱们CPU扩大规模，从单核CPU变成了多核后，他就有点应付不过来了。

终于有一天，8259A被撤了，换上了一个高级可编程中断控制器APIC，名字多了高级两个字，干的活还是一样的。

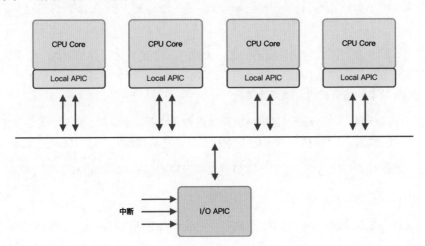

不过你还别说，这两个字还真不是吹嘘，比8259A不知道高到哪里去了。

这个叫APIC的家伙有两个组成部分，一个叫I/O APIC，负责接待那些要找我们办事的单位，另一个叫Local APIC，以外包的形式入驻到我们CPU的各个车间工作，因为挨着我们工作，所以名字中带有Local。

I/O APIC收到中断信号以后，根据自己的策略分发到对应的Local APIC，咱们8个车间就可以专心处理了，为我们省了不少事儿。

不仅如此，通过这个外包团队，我们8个车间还能向彼此发起中断请求，我们把它叫作处理器间中断Inter-Processor Interrupt，简称IPI。

3.2.3 中断亲和性

每当网络中有数据包到来，网卡那家伙就发送一个中断消息过来，通知我们去处理。

不过最近不知道怎么回事，网络数据量激增。咱们厂里明明有8个车间，他非得一个劲地只给我们发消息，搞得我们手头的工作总是被打断，忙得不可开交。

终于，我忍不住了，去找网卡那家伙理论了一番。不过他告诉我，这也不能怪他，分发给谁处理，那是APIC在负责。

想想也是，回头我就去了APIC那里，要求他们分摊一点儿给别的车间处理。

APIC表示这事有点大，得开会来讨论。

没过几天，我们开了个会，参会的有各车间代表、APIC负责人，还请了操作系统那边的相关代表过来。

会上，大家为了此事争论不休。

二号车间小虎："阿Q，谁叫你们一号车间是Bootstrap Processor，你们就多辛苦一点嘛。"

三号车间代表："你这话说得不合适，大家是一个团队，要互相帮助！要不这样，既然有这么多单位要联系我们，咱们分下工，比如一号车间负责网卡，二号车间负责磁盘，我们三号车间负责键盘，以此类推。"

五号车间代表："你想得倒是挺美哦，键盘一天能发多少中断，网卡一天要发多少中断，你净挑轻松的干。这样吧，咱们就用随机分发进行负载均衡，你们觉得怎么样？"

八号车间代表："随机个啥啊，多麻烦，依我看咱们8个车间就轮流来呗。"

这时，领导问操作系统代表有没有什么建议。

这位代表站起身来，推了推眼镜说道："几位有没有听过线程的CPU亲和性？"

大家都摇了摇头，问道："这是什么意思？"

"就是有些线程想绑定在你们之中的某一个核上面执行，不希望一会儿在这个核执行，一会儿在那个核执行。"

我接过他的话："好像是有这么回事，之前遇到过，有个线程一直被分配到我们一号车间，不过我们对这个不用关心吧，执行谁不是干活啊，对我们都一个样。"

操作系统代表摇了摇头："唉，这可不一样！你们每个核的一二级缓存都是自己在管理，要是换到别的核，这缓存多半就没用了，又要重新建立，换来换去岂不是瞎耽误工夫！对于一般的线程他们倒是不关心，但是有些线程执行大量的内存访问和运算处理，又对性能要求很高的话，那就很在意这个问题了。"

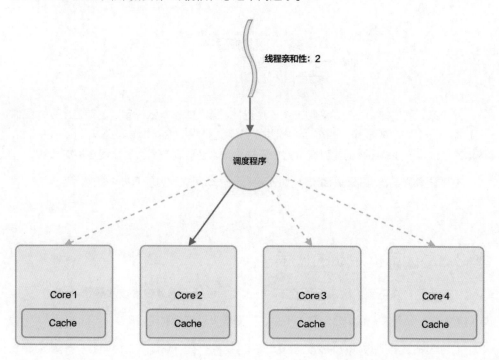

我们几个都恍然大悟，纷纷点头。

小虎起身问道："那你们是如何实现这个亲和性的呢？这和我们今天的会议又有什么关系呢？"

代表继续回答道："我先回答你的第一个问题。线程调度是我们操作系统完成的工作，我们提供了API接口，线程通过调用这些接口表明自己的亲和性意愿，我们在调度的时候就能按照他们的意愿把线程分配给你们来执行。"

代表喝了一口水接着说道："我再回答你的第二个问题。既然线程可以有亲和性，那中断也可以按照这个思路来分发啊！APIC默认有一套分发策略，但是也提供亲和性的设置，可以指定谁由哪些核来处理，这样不用把规矩定死，灵活可变，岂不更好？"

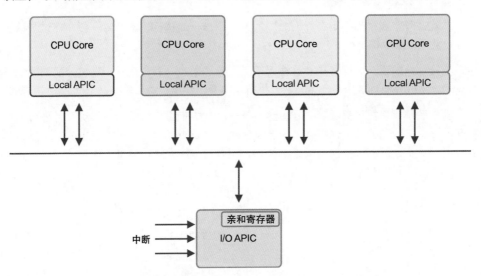

接下来，我们详细讨论了这种方案的可行性，最后大家一致决定，就照这个办，我们一起提出一个叫中断亲和性的东西，操作系统那边提供一个可配置的入口smp_affinity，可以通过设置各处理器核的掩码来决定中断交由谁来处理，APIC回去负责落地支持。

有了这套方案，再遇到网络高峰期，咱们一号车间的压力就有办法缓解了。

3.3 计算机启动的过程

"来电了，来电了，起来干活了。"一大早，我还在睡梦中就被吵醒了。

我是CPU一号车间的阿Q，好久不见，不知道大家有没有想我呢？

"今天不是星期六吗？怎么还要工作？"我有些不开心，本以为能睡一个懒觉，谁知道大周末的程序员还开机，这是来加班了吗？

一边抱怨，一边还得赶紧起来干活。

来到我所在的工作车间，提取指令的小A、分析指令的小胖和负责结果回写的老K都已经到了，就差执行指令的我了。

我们几个各就各位，做起了准备工作。

"小A，报告一下各个寄存器的值。"我嘱咐小A，这是我们每天开始工作前必做的检查。

每次一通电，咱们的电路就会启动自检工作，把所有的寄存器全部重置，如果哪里有异常，就会把错误记录到EAX寄存器中，如果发现EAX的值不是0，那可就大事不好了。

"报告，寄存器已确认："

EAX, EBX, ECX, ESI, EDI, EBP, ESP: 0x00000000
EFLAGS: 0x00000002
CS: 0xF000
EIP: 0xFFF0
......

看起来没什么问题，尤其是CS和IP这两个寄存器，决定着一会儿该从哪里开始执行代码呢。

我们是一个64位的CPU，平时都是工作在保护模式下，使用虚拟地址来访问内存，由厂里的内存管理单元MMU负责转换成真实的物理地址。

不过在刚刚开机的这会儿工夫，虚拟地址翻译所需要的页目录、页表这些信息都还没准备好，MMU还没法工作，这时候我们只能使用16位的寄存器，工作在实地址模式下，使用段+基址的方式来和内存打交道，最多只能使用1MB的内存空间，实在有些局促。

3.3.1 开始执行

"大家都准备好了吗？打起精神，要准备开始今天的工作了哦！"

"Q哥，这刚刚通电，内存条那家伙应该还是一片空白吧，咱们要去执行哪里的指令啊？"小A问道。

"这你不用担心，在主板上，咱们CPU隔壁不远处有个叫BIOS的伙计，是一个ROM芯片，咱们已经和他约定好了，一通电他就映射到地址空间，你尽管按照CS:IP（0xF000:0xFFF0）指向的地方取指令就对了，他会安排好的。"

"原来是这样。"小A点了点头，似懂非懂的样子。

正式开始干活了，小A熟练地从F000:FFF0处，也就是0xFFFF0处取到了第一条指令：jmp xxxx。

好家伙，上来就是一个大跳转，我们一下来到了BIOS那家伙的地盘中央，开始执行他准备的程序了。

接下来执行的这一堆指令我已经做过无数次了，对主板上各单位进行检测，看看有没有异常情况，还有初始化我们工作需要的中断向量表，等等，我早已轻车熟路了。

"哥几个忙着呐。"我们正忙得热火朝天，发现有人在门口围观，回头看去，原来是隔壁二号车间、五号车间、八号车间的几个家伙。

"你们几个这么闲，要不来帮我们干会儿活？"

"哎，你想得美，你们一号核是引导处理器（BSP），待遇比我们好，这开机启动的活儿我们怎么能抢呢？"二号车间的虎子阴阳怪气地说道。

真是羡慕他们，比我们一号车间上班时间晚，每次都可以多睡会儿。

3.3.2　MBR

我继续执行BIOS中的代码，一切检查完毕，没什么异常，要准备启动操作系统大佬了。

接下来，我检查了BIOS中配置的启动顺序，排在第一位的是硬盘兄弟。

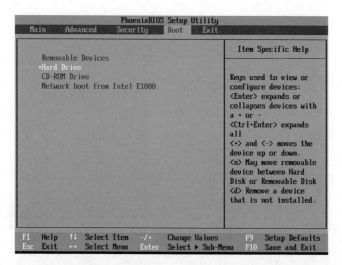

于是我把硬盘老哥第0盘第0道第1扇区的内容读取到内存中的0x7C00位置，他们把这玩意儿叫作主引导记录MBR，一共512字节。

听硬盘那哥们说，这是操作系统老大在安装的时候，写到他那里的。

他还告诉我，这个位置很重要，曾经就有病毒占据了这个位置，最后没办法只好重装系统。

```
00000000  eb 48 90 10 8e d0 bc 00  b0 b8 00 00 8e d8 8e c0  |.H..............|
00000010  fb be 00 7c bf 00 06 b9  00 02 f3 a4 ea 21 06 00  |...|.........!..|
00000020  00 be be 07 38 04 75 0b  83 c6 10 81 fe fe 07 75  |....8.u........u|
00000030  f3 eb 16 b4 02 b0 01 bb  00 7c b2 80 8a 74 03 02  |.........|...t..|
00000040  80 00 80 e8 89 04 00 00  08 fa 90 90 f6 c2 80     |................|
00000050  75 02 b2 80 ea 59 7c 00  31 c0 8e d8 8e d0 bc 00  |u....Y|.1.......|
00000060  00 20 fb a0 40 7c 3c ff  74 02 88 c2 52 f6 c2 80  |. ..@|<.t...R...|
00000070  74 54 b4 41 bb aa 55 cd  13 5a 52 72 49 81 fb 55  |tT.A..U..ZRrI..U|
00000080  aa 75 43 a0 41 7c 84 c0  75 05 83 e1 01 74 37 66  |.uC.A|..u...t7f|
00000090  8b 4c 10 be 05 7c c6 44  ff 01 66 8b 1e 44 7c c7  |.L...|.D..f..D|.|
000000a0  04 10 00 c7 44 02 01 00  66 89 5c 08 c7 44 06 00  |....D...f.\..D..|
000000b0  70 66 31 c0 89 44 04 66  89 44 0c b4 42 cd 13 72  |pf1..D.f.D..B..r|
000000c0  05 bb 00 70 eb 7d b4 08  cd 13 73 0a f6 c2 80 0f  |...p.}....s.....|
000000d0  84 f0 00 e9 8d 00 be 05  7c c6 44 ff 00 66 31 c0  |........|.D..f1.|
000000e0  88 f0 40 66 89 44 04 31  d2 88 ca c1 e2 02 88 e8  |..@f.D.1........|
000000f0  88 f4 40 89 44 08 31 c0  88 d0 c0 e8 02 66 89 04  |..@.D.1......f..|
00000100  66 a1 44 7c 66 31 d2 66  f7 34 88 54 0a 66 31 d2  |f.D|f1.f.4.T.f1.|
00000110  66 f7 74 04 88 54 0b 89  44 0c 3b 44 08 7d 3c 8a  |f.t..T..D.;D.}<.|
00000120  54 0d c0 e2 06 8a 4c 0a  fe c1 08 d1 8a 6c 0c 5a  |T.....L......l.Z|
00000130  8a 74 0b bb 00 70 8e c3  31 db b8 01 02 cd 13 72  |.t...p..1......r|
00000140  2a 8c c3 8e 06 48 7c 60  1e b9 00 01 8e db 31 f6  |*....H|`......1.|
00000150  31 ff fc f3 a5 1f 61 ff  26 42 7c be 7f 7d e8 40  |1.....a.&B|..}.@|
00000160  00 eb 0e be 84 7d e8 38  00 eb 06 be 8e 7d e8 30  |.....}.8.....}.0|
00000170  00 be 93 7d e8 2a 00 eb  fe 47 52 55 42 20 00 47  |...}.*...GRUB .G|
00000180  65 6f 6d 00 48 61 72 64  20 44 69 73 6b 00 52 65  |eom.Hard Disk.Re|
00000190  61 64 00 20 45 72 72 6f  72 00 bb 01 00 b4 0e cd  |ad. Error.......|
000001a0  10 ac 3c 00 75 f4 c3 00  00 00 00 00 00 00 00 00  |..<.u...........|
000001b0  00 00 00 00 00 00 00 00  e0 b4 0c 00 00 00 80 20  |............... |
000001c0  21 00 83 5e 38 26 00 00  00 60 09 00 00 00 5e     |!..^8&...`...^|
000001d0  39 26 82 75 89 2c 00 68  09 00 00 7f 00 00 75     |9&.u.,.h....u|
000001e0  8a 2c 83 fe ff ff 00 68  88 00 00 98 f7 01 00 00  |.,.....h........|
000001f0  00 00 00 00 00 00 00 00  00 00 00 00 00 00 55 aa  |..............U.|
```

主引导程序指令

硬盘分区表

结束标志

读取到MBR后，还得检查最后两字节必须是0x55和0xAA，看起来没什么问题，是一个合法的MBR，我们又跳到了0x7C00这个位置开始执行。

3.3.3　操作系统

终于来到操作系统的地盘了，在操作系统的指示下，我们切换了工作模式，开始在保护模式下工作了！

刚刚切换到保护模式，MMU仍然没法做地址翻译工作，我们还是只能直接使用物理地址和内存联系，所以得赶紧把页目录和页表准备妥当才行。

忙活一阵子之后，总算把需要的东西都弄好了，我激动地打开了内存分页的开关，通知MMU部门开始工作，现在我们可以使用虚拟地址访问内存了，这感觉棒多了！

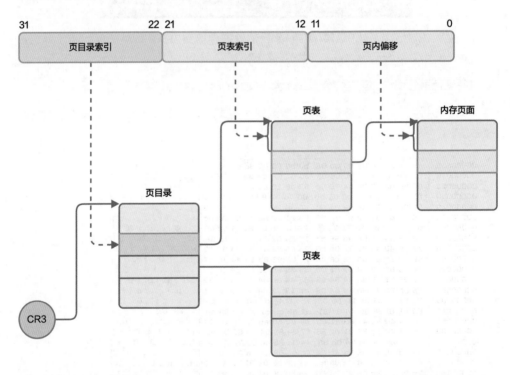

这时，一旁围观的二号车间、五号车间、八号车间那几个家伙见状赶紧溜了回去，因为他们知道，马上就该他们工作了。

我们继续执行操作系统的代码，给咱们CPU的其他所有核都准备好了数据和指令，创建了多个线程出来，把他们也叫起来一起工作，咱们这个8核CPU终于全面开动起来，一下子热闹了不少。

再后来，不知执行了多少指令，创建了多少线程，才把操作系统老大完整地运行了起来，成功完成了这一次启动。

这就是通电后，我们CPU开始工作的日常，我已经记不清这是第多少次启动了，也不知道，我们还能启动多少次……

3.4　CPU把数据搬运的工作"外包"出去

我是CPU一号车间的阿Q，最近一件事搞得我挺烦的。

3.4.1　PIO模式

我们工作的时候，经常要通过总线系统和主板上的一些单位通信，传输数据，比如网卡、硬盘这些家伙。

和这些外部设备通信，是通过I/O端口进行的，我们CPU提供了in和out两条指令，通过执行这两条指令，就可以对它们进行读写数据。这种通信的方式叫作可编程输入输出模式，Programming Input/Output Model，简称PIO模式。

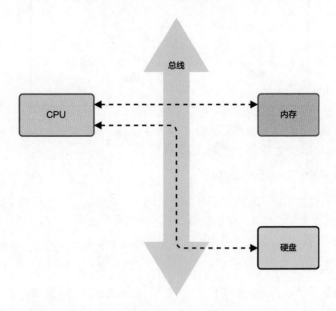

我们是整个主板上的核心，俗话说得好，能力越大，责任越大，但有时候确实觉得有点累。

随着越来越多的设备接入主板，越来越多的程序需要等待我们去执行，工作量大到压得我们喘不过气来。

尤其是随着技术进步，我们CPU的速度越来越快，与硬盘的读写速度之间的差距越拉越大，还用这种方式通信就太浪费我们的时间了。

3.4.2　DMA技术

这几天，我们几个车间的主要负责人私下聚在一起讨论起这件事情来。

"阿Q，你不觉得现在我们花了太多时间在读写硬盘上吗，这家伙慢不是他的错，扯我们后腿就是他的错了啊。传输一次数据，我们要执行好多次I/O端口读写，我们宝贵的时间都浪费在这上面了！"二号车间的小虎一脸幽怨地说道。

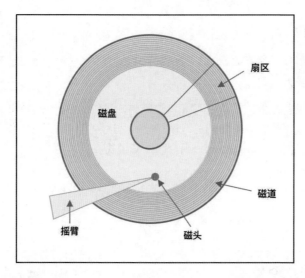

"唉，我最近也为这事发愁呢，程序越来越多，读写硬盘的时间越来越多了，尤其是那个叫MySQL的，老让我访问硬盘，可累死我了。"

没想到我俩都憋了一肚子苦水呢。

这时，平日爱拍领导马屁的八号车间老大说了一句话："你们说的问题确实存在，这工作太没技术含量了，就是个体力活嘛，要不咱给领导说说，让他外包出去吧。"

我俩一听，妙啊，要是能把这体力活外包出去，那可简直太好了，我们就可以专心做我们的专职工作了。

"你和领导平时走得近，这事你去说吧。"我给小虎使了个眼色，一起撺掇老八去说这事。

"行，我去就我去。"

还别说，领导立刻就同意了这个想法，毕竟能提高我们的工作效率，他自然是举双手赞成。

没过多久，就成立了一个外包团队，专门负责这件事。和我们CPU一样，他们也提供了几个寄存器，传输数据的时候，只需要设置这些寄存器的内容，告诉他们要传输哪里的数据，从哪儿到哪儿，长度是多少，接下来的事情我们就不用操心了，交由他们来完成。我们就可以腾出工夫做其他事情，等数据传输完毕了，再用中断的方式告诉我们，我们直接去处理就好了，省去了让我们亲自去搬运的过程，真是太棒了。

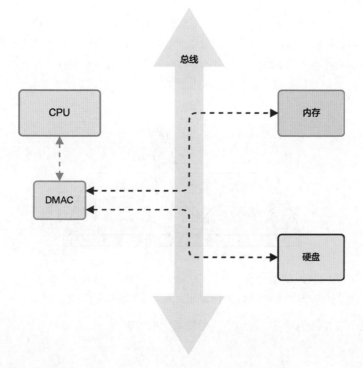

后来，我们给这项技术也起了一个名字，叫Direct Memory Access，直接存储器访问，简称DMA，这个外包团队就是DMAC，即DMA控制器。

3.4.3　DMA全面开花

前几天的月度总结会上，领导表扬了老八，说多亏他的建议让咱们的工作效率大大提升。早知道，当初就不撺掇老八去跟领导提建议了，我自己去。

正想着这些，突然想到了一个问题，这一次我打算抓住机会挣个表现。

"领导，这个DMA技术好是好，但现在只能用于硬盘哦。最近网卡那家伙的数据包也挺多的，我花了好多时间去把数据包从网卡读取到内存中，又低效又没有技术含量，可不可以把DMA技术推广到网卡上啊？"我起身说道。

领导点了点头，若有所思。

二号车间小虎见状也起身说道："领导，除了硬盘和网卡，显示器也有这个需求。我经常要疲于把内存数据传输到显示器，也是劳神劳力，建议DMA技术也推广到显示器。"

领导听完，皱了皱眉头说道："这个不同设备之间的差别还是挺大的，没法通用。难不成我们要为每个设备成立一个外包团队？这成本有点高啊……"

领导果然还是领导，还是把成本考虑在第一位。

这时，爱拍马屁的老八又说话了："领导说得是。我倒是有个建议，这个DMA推广到网卡、显示器这些单位也可以，不过让他们自己掏钱来增加DMAC，按照他们各自不同的需求来做。咱们不能当这冤大头。"

领导一听，喜形于色，大声叫好！

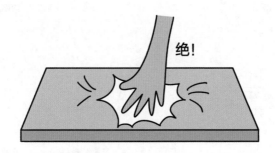

就这样，很快我们就把这项技术推广了出去，主板上以网卡、显示器、摄像头为首的那些单位为了不落后于人，纷纷拥抱变化，集成了DMAC。

我们得到了彻底的解放，再也不用做枯燥的搬运工了。

3.5 神奇的零拷贝技术

大家好，我是CPU一号车间的阿Q，有段日子没见面了。

上回说到，我们用上了DMA技术之后，总算解放了，再也不用奔波于网卡、硬盘与内存之间搬运数据了。

前段时间，我到二号车间小虎那里去串门，发现他正忙得满头大汗。

"老哥，你这是执行到什么程序了？看把你给忙的。"

小虎一看我过来，擦了擦头上的汗说道："我这是在搬运数据啊，刚刚搬完一批，累死我了。"

我有些疑惑："咱们现在不是有DMA技术了吗，找外包DMA控制器搬运啊，你干吗还亲自上阵？"

"DMA是用于I/O外部设备与内存之间搬运数据，我现在的任务是内存之间的拷贝工作，这DMAC也帮不上什么忙啊，还不得我亲自动手拷贝。"

我撇了撇嘴："说得也是，但愿我不要遇到这种程序。"

"先不跟你聊了，又有活要干了。"小虎屁股还没坐热，又起身去忙了，我也起身准备回去。

"怎么回事！怎么又要拷贝这批数据！"我刚走两步，就听到小虎的吐槽。

我回过头去问道："咋了这是？"

"我刚刚才把这份数据从内核地址空间往用户态地址空间拷贝了一次，这还没喘口气，又让我再搬一次，从用户态再搬回内核地址空间，太折腾我了吧！"

我拍了拍他的肩膀说道："嗨，这没办法，咱们就是打工的，哪轮得到咱们挑挑拣拣啊，加油吧！"

我一边给他打气，一边暗自祈祷别给我安排这种活儿，又累又没有技术含量。

老话说得好，真是怕什么来什么，回到一号车间没多久，我也摊上这种事了。

一开始我还能忍着，时间一久我就抑制不住心里的不满了，还真是落在自己身上才知道痛。

3.5.1　数据的四次拷贝

第二天，我约上小虎去找操作系统内存管理部门反映这事。

内存管理部门居然踢皮球，说这事不归他们管，让我们找I/O部门，没办法，我们又来到I/O部门反映这事。

I/O部门的人听完我们的抱怨，也很无奈："两位，实在不是我们故意戏耍你们。之前让你们两次搬运数据实在没有办法，这是上边的应用程序要这样写的。他们要把硬盘上的文件读取出来，然后再通过网卡发送出去。这一读一写不就要搬两次吗？"

```
File.read(file, buf, len);
Socket.send(socket, buf, len);
```

"硬盘？网卡？这，这，这我们不是有了DMA技术了吗，正好解决了和他们的数据传输，干吗还另外让我们再在内存之间拷贝来拷贝去呢？"我问道。

对方看出了我们的疑惑，在旁边的白板上画了一张图：

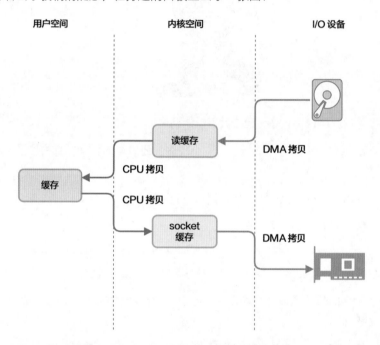

"你们看，数据从硬盘最终到网卡，应用程序需要先读取到他们在用户空间的缓存区，再发送出去，这样就总共有四次数据传输。其中从硬盘到内核空间和从内核空间到网卡这两个环节，DMAC可以帮你们搬运。不过剩下两次的用户空间和内核空间的来回拷贝，还得靠你们来搬运下啊。"

"原来是这样，唉，看来是没办法避免了，咱们先回去吧。"小虎看完图垂头丧气地说道。

我却不愿放弃，想在这图中找出可以优化改进的地方。

"能不能让数据不要去应用程序那里，直接在内核空间拷贝一次就好，我们就可以少搬运一次了？"我想到了这个办法。

"那怎么可能呢，他不读上去，后面怎么发出去呢？不行不行。"I/O部门的人连连摇头。

"还是可以发啊，你看像这样……反正最后也是把数据从内核空间交给网卡发，只是免去了数据去用户空间白晃一圈的浪费。"我把他画的图改了一下，不肯放弃地解释道。

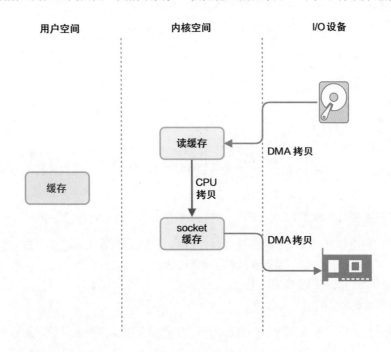

对方被我的话点醒了一般，盯着这图，认真思考起来。

片刻之后，I/O部门的人回道："还是不行，万一人家要对读取的文件数据进行修改或者解密，那还是要读到他的用户空间缓存区才行。"

我想了一下，这似乎没办法避免，说道："那这种情况咱们就认了，反正以我的经验来看，你说的这种情况不多。大部分情况下都是数据原封不动地从内核到用户空间，又从用户空间回到内核。"

I/O部门的人再也没有什么说辞，点了点头答应了下来，说把我们的意见汇报上去讨论后才能做决定。我们就先回去等消息了。

3.5.2 零拷贝技术

不过后来工作太忙，迟迟没有操作系统那边的消息，慢慢地我们就把这事给淡忘了，直到前几天……

"阿Q，听说了吗，最近这台计算机上来了一个新软件，据说不用我们拷贝数据就能把硬盘上的文件从网卡发出去。"小虎火急火燎地来找我。

"不可能啊，按照我们之前的方案，怎么说也得至少经过我们拷贝一次吧。"

"根本不用，他们号称是零拷贝技术。"

我们赶紧放下手里的工作，去打听究竟是怎么回事。

原来，Linux操作系统最近新推出了一个API，叫sendfile：

```
ssize_t sendfile(
  int out_fd,
  int in_fd,
  off_t *offset,
  size_t count
  );
```

只需指定打开文件的描述符和要发送的网络接口描述符，就能直接把文件通过网络发出去。

我们再次来到了操作系统I/O部门，对方一看是我们，热情地接待了我们。

"你们来得正好，我还没来得及告诉你们呢。上次你们提的思路非常好，上面领导非常重视，我一反应上去，当即就采纳了你们的意见。估计你们也知道了，推出了新的API给应用程序们使用，省去了数据白白去用户空间转一圈的开销。一推出就大受欢迎，说起来还得感谢你们呢。"

"原来是这样，我说最近怎么搬运数据的工作少了不少。不过你们是怎么做到零拷贝的？"

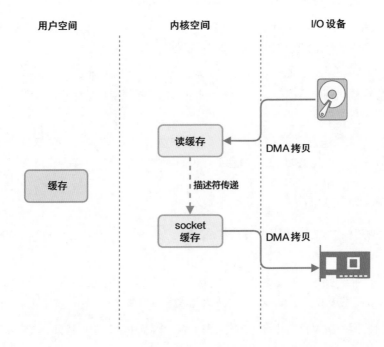

I/O部门的人瞅了我们几眼，得意地一笑，"我们在讨论你之前的方案时，觉得还可以再进一步优化，直接把从硬盘读取到的数据缓冲区地址和长度给到网络socket描述符，就不用你们再搬运一次数据了，彻底解放你们，所以叫零拷贝啦！"

我俩连连点头称赞。

"还不止如此呢！我们还把这一技术推广到了文件数据拷贝上，增加了另一个API，splice：

```
ssize_t splice(
  int fd_in,
  loff_t *off_in,
  int fd_out,
  loff_t *off_out,
  size_t len,
  unsigned int flags
  );
```

"以后文件拷贝也可以减轻你们的负担了。"

我俩回去之后，把这一消息告知了小伙伴们，大家都高兴坏了，原来各个车间都受苦久矣。

3.6 网卡是如何工作的

我是一块网卡，居住在一个机箱内的主板上，负责整台计算机的网络通信，要是没有我，这里就成了一个信息孤岛，那也太无聊了。

上个周末，服务器断电维护了，这是我难得的休息时间，我准备打个盹儿眯一会儿。

这才刚合上眼，CPU一号车间的阿Q跑过来串门了。

"怎么是你小子，听说你背后说了我很多坏话啊！今天怎么想起找我来了？"

"网卡老哥，你这都听谁造的谣，我想来拜访你很久了，这不平时工作太忙抽不开身，今天停电了一有空就找你来了嘛！"阿Q笑着说道。

"你可是大忙人，无事不登三宝殿，说吧，找我什么事儿？"

阿Q露出了尴尬而不失礼貌的微笑："那我就开门见山了，这不年底了吗，咱们厂里最近评优呢，想学点网络知识，特来向你讨教。"

"就这啊，好说好说，来里边坐。"我招待阿Q进门坐下。

刚刚落座，阿Q就忍不住提问："老哥，你们网卡是怎么工作的？听说你可以抓到别的主机通信的数据包？可以给我露一手吗？"

"唉，现在不行了。"我叹了一口气。

"咋了这是？"

我抬头凝望，开始给阿Q讲起了我的故事。

3.6.1 集线器时代

很久很久以前，那时候网络中的各个计算机都是通过一个叫集线器（Hub）的家伙来相连的，通过集线器，我们大家在物理上构成了一个星形的网络，还给起了一个名字：以太网。那时候我们的传输速度能做到10Mb/s，在那个年代，已经非常了不起了！

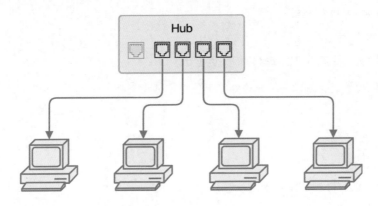

集线器这家伙，不知道该说他笨，还是该说他懒，他从来不会管数据是谁发给谁，只是一个没有感情的转发机器，工作在物理层，把收到的信号做一个增强处理后就一股脑儿地发给所有端口。

这样一来，我们在逻辑上就变成了一个总线型网络了。总线属于公共资源，由所有连接在上面的主机共享，有人传输数据的时候其他人就得等着，不然数据就会发生冲突，全乱套了。

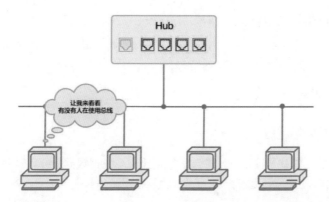

为了让大家都能和平共处，不必为了争抢线路发生不愉快，我们制定了一套规则：CSMA/CD。

每次要发送数据之前，我都要先监听线路是否空闲，如果有别人在传输数据，那我就要等待。至于等待多久，我也不知道，因为这是一个随机值。

等到空闲的时候，我就可以发送数据了。不过一边发送，我还得一边检测是否有冲突发生，因为说不定有别人和我一样以为现在空闲都在发送数据呢！

所以这就是CSMA/CD——载波侦听多路访问/冲突检测名字的由来了。

但是如果数据的长度太短，我很快就发送完了，结果先头部队还在路上，这之后再遇到冲突那我就发现不了了。为了应对这种情况，我们还要考虑即便是在极端情况下发生冲突，还是应该能够检测到。

我们这个网络能够支持的最远距离是2500m，极端情况下，到达最远端的时候冲突才发生。冲突信号要赶在我发送完最后一比特之前传回来，这一来一回就是5000m。

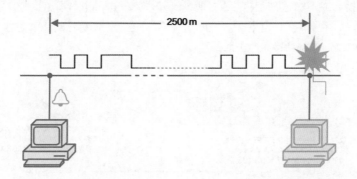

线路上的信号跑个来回需要57.6微秒，我们的传输速度是10Mb/s，一个来回的时间我就能发送576比特（bit），也就是72字节（B），抛开8字节的帧前导符和帧开始符，剩下的以太网帧长度不能低于64字节，这样就算在最远两端发生的碰撞冲突都能及时传递回去被检测到。

有了这套协议，大家再也不用争抢，可以专心工作了。

"我说为什么非要至少64字节你才发送，原来还有这段历史呢！那你们具体是怎么收发数据的呢？"说到这儿，阿Q打断了我。

"那你听我继续跟你说。"

3.6.2　数据收发过程

"我每天的工作就是接收、发送数据包，操作系统把数据交给我以后，我就按照以太网的数据格式，把数据封装成一个个的以太网帧发出去。

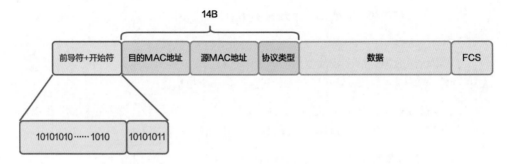

"帧的头部有收件人和发件人的地址，我们叫它MAC地址，这是我们每个网卡的身份证号码，在我们出生那一刻就确定了。

"发件人是我的MAC地址，但收件人地址我不知道啊！操作系统协议栈部门交给我的数据包只有IP地址，我们又不认识这个，我们收发数据帧只用MAC地址。

"为了解决这个问题，我们又制定了一套协议：ARP，地址解析协议，来实现这两个地址的转换。在不知道IP对应的MAC地址时候，就发送一个广播，这个广播的发件人地址填我的，然后收件人地址是FF:FF:FF:FF:FF:FF，这是一个特殊的MAC地址，我们约定好了每个人收到广播都要接收而不能丢弃。

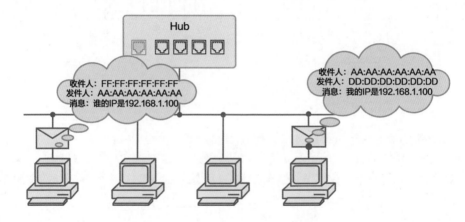

"这个广播里面填了IP地址，谁收到以后发现和自己的匹配上就来应答我，这样我就能知道对方的MAC地址了，接下来就能通信了。

"当然，为了避免每一次都去询问一遍浪费时间，我会把查询过的记录缓存起来，下次就能直接用啦。

"不过这样做也有安全风险，要是有人冒充真正的收件人给我回信，我也没办法分辨，这就叫ARP欺骗。"

"唉，等等，你还是给我讲讲你是怎么可以抓到别人的通信数据吧，我对这个更有兴趣。"阿Q又一次打断了我。

"因为集线器这家伙闭着眼睛到处转发，所以不管是谁发的数据，所有人都可以看到。

"就因为这样，总线中每天有大量数据在流动，但我通常也不会全部都抓下来交给你们处理，不然你们CPU的人估计要骂死我了。所以我每次拿到一个数据帧，就会检查它的收件人是不是我，如果不是，那就直接丢弃，当然，前面我说的广播消息例外。

"我能抓到别人通信数据的秘密就在于：我提供了一种工作模式叫作混杂模式，在这种模式下，我就会把总线中我看到的所有数据帧全部抓下来交给你们CPU去处理，一般是一些抓包软件才会要求我这么做，但也有一些流氓软件和病毒木马经常让我抓别人的数据包，这样他们就能嗅探网络中的其他主机的通信了。

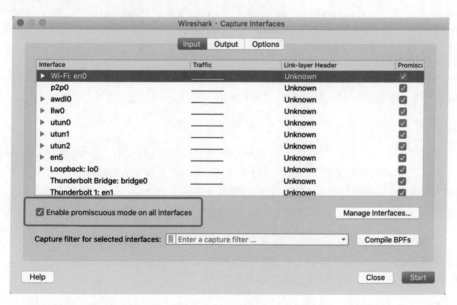

"我并不喜欢这样，因为每次一开启混杂模式，我和你们CPU就忙得要死，主板上的风扇都会疯狂地转起来。"

"原来是这样，那你开启混杂模式给我露一手看看呗，可以看到别人的通信数据，这也太刺激了！"阿Q又一次打断了我。

"你别着急，听我继续说嘛，别老是打断我，而且现在停电了，我想露一手也露不了啊？"

"好好好，你继续，继续，我不插嘴了。"

3.6.3　交换机时代

"不知道从什么时候开始，就算我开启混杂模式，也抓不到别人的数据包了，因为我发现网络中的数据包只有和我相关的了。

"后来一打听才知道，不只是我一个网卡这样，别的网卡也一样。

"原来集线器那家伙退休了，新来了一个叫交换机的大佬取代了他的位置。

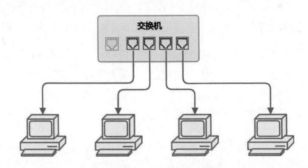

"这位大佬名不虚传，他不只是简单地把大家连接在一起，它还会学习，用一张表把大家的MAC地址和连接的端口号记录下来。每次收到数据后，它只转发给对应的端口，而不会像集线器那样到处转发，我再也看不到别人的通信数据了！"

"啊？交换机那家伙可真多事！"阿Q露出了失望的表情。

"这也是件好事啊，交换机大佬不用到处转发数据占用线路，相当于把冲突域进行了隔离，我连接的线路上只有我自己的数据，没有别人的数据，就不会和别的主机传输数据发生冲突了。不仅如此，我们连接的网线也进行了升级换代了，现在我们可以全双工通信，一边收一边发，也不用和交换机发给我的下行数据发生冲突！

"隔离冲突域＋全双工通信，现在再也不用CSMA/CD，因为不会有冲突发生，可以随心发送数据，真是痛快太多了！我们的传输速度日新月异，从10Mb/s到100Mb/s，再到1000Mb/s，越来越快，这在以前想都不敢想。"

阿Q点了点头说道："厉害了，网卡老哥！真是塞翁失马焉知非福。"

说完，CPU六号车间的小六出现在了门口，只见他满头大汗地说道："Q哥，到处找你都找不到，原来你在这里，快回去，领导叫我们出趟差。"

3.7　网卡收到数据包后发生什么

刚刚，伴随着"嘶嘶"的电流声，我来到一个新的世界。

3.7.1　数据帧校验

我是一个数据包，大约300毫秒之前，远在千里之外的一台计算机创建了我，经过一通路由转发，我终于来到了这里。

穿过RJ-45的网线接口，我被这里的网卡捕获了。

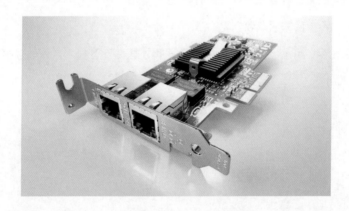

在我们计算机的世界里，一切都是0和1，我也不例外。实际上，我就是一串二进制比特流。人类用光、电、磁等物理信号来存储和传输我们。

这些物理信号在传输的过程中免不了受到一些干扰，导致其中的一些比特位从1变成0，从0变成1。

可别小瞧这些变化，即便是一个比特位出错也可能带来严重的后果，咱们计算机的世界里不允许这样的事情发生。

为了知道我们的内容有没有被破坏，在我们的尾部有一个帧检验序列FCS，这是一个循环冗余码校验（CRC），网卡收到后会重新计算我们的CRC，和这个值一比较，就知道数据出没出错。

检查完FCS还没完，网卡又取出了我最外层的以太网帧格式中的目的MAC地址，和他自己的MAC地址进行了比较，看看是不是发给他的。一般情况下，网卡只处理收件人是自己或者广播的数据包，除了这两种情况，其他数据包都会被丢掉。

3.7.2　DMA数据传输

一切检查完后，网卡把我放到一个队列中，在这里我遇到了一些我的同伴。

"这是什么地方？"

"我也是刚来的，不清楚啊。"前面的数据包说道。

"这是RX FIFO队列，网卡内部的接收队列缓冲区，一会儿我们就会被送到内存里去了。"排在最前面的数据包说道。

刚刚说完，旁边一个家伙把它取了出来，发送了出去。

"那是谁啊？"我小声问道。

"那是DMA控制器，咱们想要去内存，想要被CPU处理，都得靠他把我们传输过去。"前面一个数据包转过头来告诉我们。

"CPU为啥不自己来读取我们呢？"

"CPU多忙啊，哪有这闲工夫来搬运数据啊，这种没有技术含量的差事都是我们干的。"一旁的DMA控制器冷冷地说道。

"那CPU怎么知道有数据包来了需要处理呢？"

说完，突然听到"嘀"的一声，把我吓了一跳。

"看把你吓的，这就是我们网卡在给CPU发送中断信号，告诉CPU，我们已经把数据搬到内存了，他直接去处理就好了。"

我似懂非懂地点了点头。

DMA控制器这家伙处理得很快，一会儿工夫，我就来到队列最前面了。

随着他的一阵操作，我穿过网卡下面的插槽，顺着主板上的PCIe总线系统，来到了内存条中。

3.7.3　软中断

"这又是什么地方啊？怎么又在排队？"

"这里是网卡的接收队列，网卡收到的数据包都会到这里来。"这时，不远处走过来一个程序。

"你是？"

"我是网卡驱动程序，你们所在的这个队列就是我创建的，是我给网卡DMA控制器编程，让他把你们传输到这里的。"

"你是网卡驱动程序？那你赶紧来处理我们啊！"

"别急嘛，现在CPU还在忙别的，我还没有机会执行。"

眼看队列中的数据包越来越多，我好奇地问道："CPU一直不来处理，这队列要是满了怎么办？"

"那样的话，就要丢包了，不过那都是小概率事件，你就别操那个心了。"

"快看，网卡给CPU发去中断消息了。"前面一个数据包大声说道。

我们都排队站好，等待CPU执行中断处理函数来"处理"我们。

如我们所料，CPU放下了手里的工作，转头去执行了中断处理函数，但奇怪的是，它只是简单地操作了几下就退出了。

"他怎么不来处理我们？"

驱动程序噗嗤一笑说道："别着急，刚刚CPU在中断处理函数中创建了一个软中断，很快就会来处理你们了。"

"软中断？那是什么东西？"

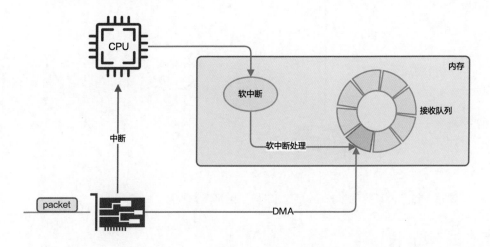

驱动程序接着说道："网卡给CPU发送的中断叫硬中断，硬中断的响应需要快速完成，而数据包的处理是个很费时间的过程，没办法在硬中断处理函数中完成，所以发起一个软中断。要不了多久，CPU就会在软中断的处理函数中调用我来处理你们了。"

3.7.4　轮询收包

果然，没过多久，网卡驱动程序就得到了调用，开始从队列中读取数据包处理。

这个驱动程序动作很麻利，一个接着一个，很快，我又一次来到了队列的前面。

"你怎么在轮询收包？网卡不是通过中断来通知你收包吗？"我有些好奇，便向网卡驱动程序询问道。

"以前确实是这样，但现在网速太快了，要处理的数据包太多，要是每一个数据包都来一次中断，CPU不得忙死，会拖垮性能。"

"所以现在改轮询了？"我继续问道。

"倒也不是全都轮询，而是中断＋轮询相结合的方式，现在把处理过程分成了两段，最开始的第一部分还是靠硬中断来通知的，这个时候需要关一下中断，不过通知后不会真正处理数据包，而是开启了一个软中断，所以关不了太久。第二部分在软中断中去轮询处理，这个时候就不用关中断了。把硬中断和轮询结合，就不用每个数据包一来都中断一次，也不用关中断太长时间，这种技术叫作NAPI。"

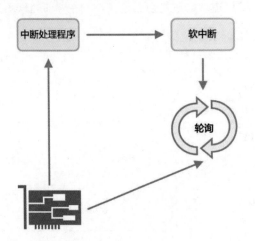

说完，这个驱动程序就把我从队列中取了出来开始处理。

3.7.5　协议栈

经过一通操作，驱动程序把我交给了一个叫netif_receive_skb的函数，据他说，这是内核协议栈的入口。

紧接着，协议栈里的网络层、传输层先后对我进行了解析，把我的数据中对应的协议包头依次去掉，直到只剩下最后的应用层数据，这和当初我被创建的过程刚好相反。

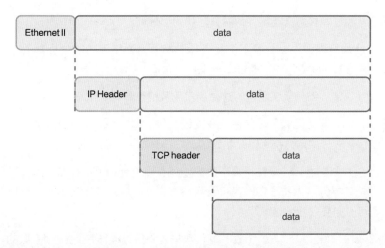

在这个过程中，还有个叫netfilter的家伙对我进行了检查，据说是防火墙那边的。

他根据以太网帧中的协议字段，知道了我的网络层是IPv4协议；又根据IPv4中的协议字段，知道了我的传输层协议是TCP；最后根据TCP中的目的端口80，找到了我要去的最后一站：一个Nginx服务器进程。

随着Nginx的解析完成，我所占据的内存被释放，我的使命终于完成了！

小提示

Linux中的数据接收队列实际上并没有存储数据本身，而是存放一些索引信息，所以数据包们并没有机会碰到一起"交流"。

3.8　绕过操作系统，直接收发数据包

我是一个网络监控软件，我被开发出来的使命就是监控网络中进进出出的所有通信流量。网卡上所有的数据包都会被我抓下来分析，如果发现有违规的网络通信，就会告警通知网络管理员。

一直以来，我的工作都非常出色，但是随着我监控的网络越来越庞大，网络中的通信流量也变得越来越多，我开始有些忙不过来了，逐渐发生丢包的现象，而且最近这一现象越发严重了。

3.8.1　万兆流量需求

一天晚上，程序员哥哥把我从硬盘上叫了起来。

"这都几点了，你怎么还不下班啊？"我问小哥哥。

"哎，产品经理说了，让我下个月必须支持万兆网络流量的分析，我这压力可大了，没办法只好加班了。"说完整理了一下自己那日益稀疏的头发。

"万兆？10Gb/s？开玩笑呢吧？这是要累死我的节奏啊。"

"可不是吗，可愁死我了。你快给我说说，你工作这么久了，有没有干得不爽的或者觉得可以优化改进的地方都可以给我说说。"小哥哥真诚地看着我。

我思考了片刻说道："要说干得不爽的，还真有！就是我现在花了太多时间在拷贝数据包了，把数据包从内核态空间拷贝到用户态空间，以前数据量小还行，现在网络流量这么大，可真是要了我的老命了。"

小哥哥叹了口气："哎，这个改不了，数据包是通过操作系统的API获取的，操作系统又是从网卡那里读取的，咱们是工作在用户态空间的程序，必须要拷贝一次，这没办法。你再想想别的？"

我也叹了口气："那行吧，还有一个'槽点'，数据包收到后能不能直接交给我，别交给系统的协议栈和netfilter框架他们去处理了，反正我拿来后也要重新分析，每次都从他们那里过一下，他们办事效率又低，这不拖累我的工作吗？"

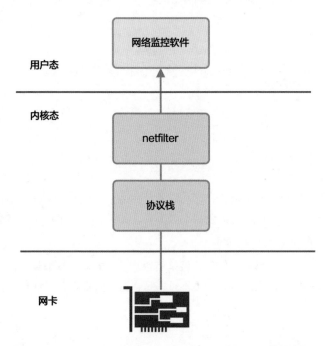

小哥哥皱着眉头，眨了眨眼睛说道："大兄弟，这个咱也改不了啊，我这水平也有限，我还没有能力改造成让你绕过操作系统直接去跟网卡打交道啊。要不，要不你再说

一个？嘿嘿。"

"好吧，我也就不为难你了。有个简单的问题，你可得改一下。"

"什么问题，说说看？"

"就是我现在花了很多时间在线程切换上，等到再次获得调度执行后，经常发现换了一个CPU核，导致之前的缓存都失效了，得重新建立缓存，这又是一个很大的浪费！能不能让我的工作线程独占CPU的核心，这样我肯定能提高不少工作效率！"

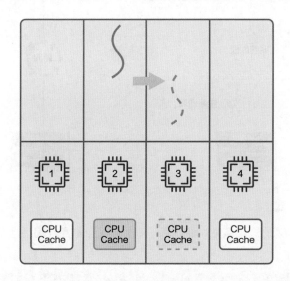

小哥哥稍微思考了一下说道："没问题，这个可以改！用线程亲和性就可以搞定，给你划几个核出来，不让它们参与系统的线程调度分配，专门给你用，这事就包在我身上吧！"

3.8.2　中断问题

过了几天，程序员哥哥对我进行了升级改造，让我的几个工作线程都能独占CPU核，工作效率提升了不少。

不过，距离产品经理要求的万兆流量分析指标，还是差了一大截。

一天晚上，程序员小哥哥又找我聊了起来。

"现在分析能力确实有所提升，不过离目标还差得远啊，你快给我说说，还有没有改进的建议？"

"有倒是有，但是我估计你还是会说改不了。"我翻了个白眼。

"你先说说嘛！"

"现在这个数据包是用中断的形式来通知读取的，能不能不用中断，让我自己去取啊？你是不知道，每次中断都要保存上下文，从用户态切换到内核态，那么多流量，开销大了去了！"我激动地说道。

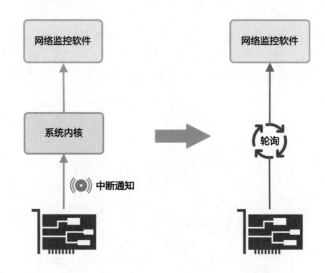

小哥哥听完沉默了。

"看吧，我就说你改不了吧！还是算了吧，趁早给产品经理说这个需求做不了，咱俩都轻松自在。"

"那不行，这个项目对我非常重要，我还指望通过你来升职加薪，走向人生巅峰呢！"小哥哥说得很坚定。

"实在不行，那就多找几台机器，把我拷贝几份过去，软件不行就靠硬件堆出性能嘛！"我冲他眨了眨眼睛。

"这还用你说，老板肯定不会同意的。"

"那我没辙了，实话告诉你吧，想要我能处理万兆网络流量，非得绕开操作系统，我亲自去从网卡读取数据包，你好好去研究下吧，想升职加薪，怎么能怕难呢！"我给小哥哥打了打气。

小哥哥点了点头："你说得是，我一定可以的，给我一点时间。"

3.8.3　超快的抓包技术：DPDK

就这样过了一个多星期，程序员小哥哥一直没再来找过我，也不知他研究得怎么样了。

过了好几天，他终于又来了。

"快出来！我找到办法了，明天就开始改造你！"

我一听来了兴趣："什么办法？你打算怎么改造我？"

"这个新方案可以解决你之前提出的所有问题，可以让你直接去和网卡打交道，不用中断来通知读取数据包，也不用再把数据包交给系统协议栈和netfilter框架处理，不用再频繁地在用户态和内核态之间反复切换了！"小哥哥越说越激动！

"你也太牛了吧，能把这些问题都解决了！你是怎么做到这些的，什么原理？"我好奇地问道。

小哥哥有些不好意思："我哪有那本事啊，其实这是别人开发的技术，我只是拿来用而已。"

"哦，那你都弄清楚它的原理了吗，别到时候坑我啊！"我有些不放心。

"这个你放心，这个技术叫DPDK，是人家Intel开发的技术，靠谱！"

接下来，程序员小哥哥给我介绍了这个叫DPDK的技术原理。

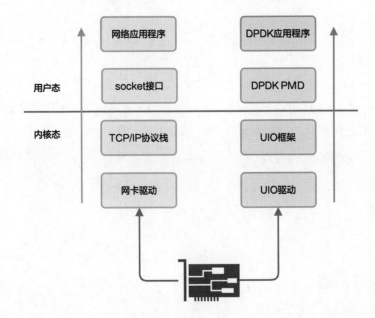

有了DPDK，通过操作系统的用户态模式驱动UIO，我可以在用户态通过轮询的方式读取网卡的数据包，再也不用中断了！

直接在用户态读取，再也不用把数据包在内核态空间和用户态空间搬来搬去。读到之后我直接就可以分析，还不用走系统协议栈和netfilter瞎耽误工夫，简直完美！

"还不止这些呢！还支持大页内存技术。"小哥哥得意地说道。

"大页内存？这是什么？"

"默认情况下系统不是以4KB大小来管理内存页面的吗？这个单位太小了，咱们服务器内存会有大量的内存页面，为了管理这些页面，就会有大量的页表项。CPU里进行内存地址翻译的缓存TLB大小有限，页表项太多就会频繁失效，降低内存地址翻译的速度！"

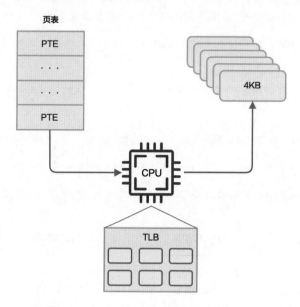

听到这里，我突然明白了："我知道了，把这个单位调大，管理的内存页面就少了，页表项数量就少了，TLB就不容易失效，地址翻译就能更快对不对？"

"没错，你猜猜看，调到多大？"小哥哥故作神秘。

"翻一倍，8KB？"见小哥哥摇摇头，我又猜道："难道是16KB？"

"太保守了，能支持2MB和1GB两种大小呢！"

"这么大，厉害了！"

3.8.4　空转问题

第二天，程序员小哥哥开始对我进行了彻底的重构。

一个多月后，终于重构完成，升级后的我试着跑了一下，发现了一个问题：如果数据包不是很多或者没有数据包，我的轮询基本上就很浪费时间，一直空转，由于我独占了一个核，这个核的占用率就一直是100%，别的程序都吐槽我，霸占着CPU白白浪费。

于是，程序员小哥哥又对我进行了升级，用上了Interrupt DPDK模式：没有数据包处理时就进入睡眠，改为中断通知。还可以和其他线程共享CPU核，不再独占，但是DPDK

线程会有更高调度优先级，一旦数据包多了起来，我又变成轮询模式，可以灵活切换。

程序员小哥哥又连续加了两个星期的班，经过一番优化升级，我的数据包分析处理能力有了极大的提升。

然而遗憾的是，测试了几轮，当面临10Gb/s的流量时，我还是有点力不从心，还是差那么一点点。

小哥哥有些灰心丧气："我不知道该怎么办了，你觉得还有什么地方可以改进吗？"

"我现在基本满负荷工作了，应该没有什么地方可以改进了。现在唯一有时间喘口气的地方就是数据竞争的时候了，遇到数据被加锁，线程切换歇一歇。"

小哥哥思考了几秒钟，突然眼前一亮，高兴地说道："有了！无锁编程！"

我还没来得及问，他就把我关闭，下班去了。

到底程序员小哥哥又要对我做什么呢？

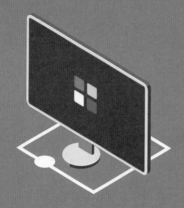

第 4 章

计算机的大管家：操作系统

前面3章的内容主要是在和硬件打交道，从这一章开始，我们开始进入软件的世界。

说到软件，计算机中最重要的软件就数操作系统了。现代软件开发，已经很少使用直接面向硬件的汇编语言了，取而代之的是各种高级语言，更多的时候，我们是面向操作系统在编程。

像我们熟知的进程、线程、锁、信号等概念，都属于操作系统的知识，所以学习操作系统对于软件编程会有更加直接的帮助。

这一章，将通过9个小故事，一起去揭开操作系统这些基础概念背后的本质。

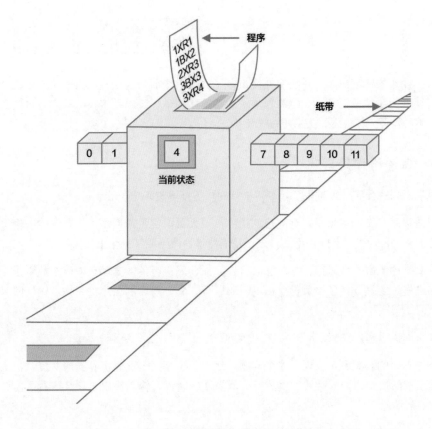4.1　一个控制程序的进化

很久很久以前，有一台机器，体型巨大，每秒钟可以进行几千次的加法运算，名震一时，人类给它取了个名字：计算机。

除了加法，它还能计算平方、立方、正弦、余弦，比人类的大脑算得快多了。

许多程序慕名而来，想在它上面运行一下，体会这飞一般的感觉。

"来来来，排好队，一个一个来。"计算机的管理员说道。

众程序挨个排好队，等待管理员传唤。

执行完一个，管理员再将其取出，换上下一个开始执行。

久而久之，程序们纷纷抱怨："排队十分钟，执行三秒钟。人类管理员太慢了，时间都用在排队上了，能不能让计算机自动完成程序切换，不要手动切换呢？"

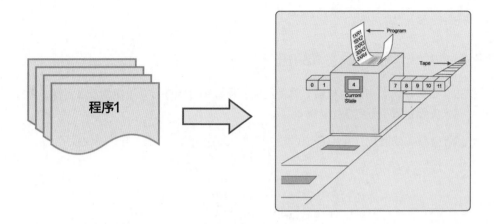

人工操作的速度比起计算机实在慢太多了，人机矛盾日益凸显，人类决定对机器重新进行设计，并且开发了一个控制程序，在它的指挥下，可以批量执行程序，自动实现切换，不再需要人工介入，效率提高了不少。

4.1.1　多道程序处理

慕名而来的程序越来越多了，等待执行的队伍排得越来越长。

有些程序等得不耐烦了，询问控制程序："大哥，你看前面那家伙在做输入输出，CPU空出来了，一时半会儿用不上，这不是浪费吗，要不叫下一个上去执行吧！"

控制程序皱着眉头说道："那怎么行，前面程序执行的数据都在内存里放着了，再放程序进去，要是弄坏了谁负责？再说CPU只有一个，前面的程序忙完输入输出回来了又该如何处理？"

大家一时语塞，谁也给不出主意，纷纷叹气，只好作罢，继续等待。

不过聪明的人类倒是发现了这个问题：让一个程序独占计算机确实浪费资源，执行输入输出的时候，CPU就空着了，执行计算操作的时候，输入输出设备又闲着了，总有一个闲着。

于是人类又重新设计了计算机，并开发了新版的控制程序，这一次，允许多个程序同时进入计算机执行了。

如果程序A执行输入输出，就把CPU空出来让给另一个程序B执行，一会儿B再执行输入输出，再把CPU分给A执行，彼此交替，这样一来就不会浪费了！

4.1.2　时间分片

不过没多久，又出现了新的问题。

这一天，其他程序都在排队等待控制程序"翻牌子"，可左等右等也不见传唤，众程序急了，质问控制程序，控制程序大倒苦水："前面那个家伙写了个死循环，死活结束不了啊！"

　　听他这么一说，众程序怒了。

　　"怎么能这样，这也太自私了。"

　　"你这控制程序也不管管，要你有何用？"

　　"赶紧想办法啊！"

　　"我也没办法，他不执行输入输出，我也拿不到CPU的控制权，拿他没有办法啊。"控制程序叹气说道。

　　众程序七嘴八舌，吵得不可开交。

　　敏感的人类又一次发现了这个问题，好一通研究，搞了一个叫"中断"的技术出来：可以给CPU发送中断信号，CPU收到信号后，就要停下手头的工作，转而执行控制程序处理中断信号，这样控制程序就有办法获得控制权了！

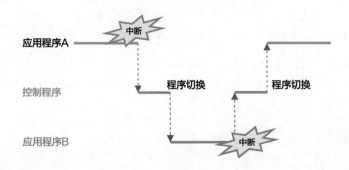

　　为了能够让控制程序及时获得控制权，人类搞了一个中断源，周期性地给CPU发送中断信号，并把这叫作时钟中断。

　　升级后的控制程序又上岗开始工作了，众程序闻风而来。

　　"大哥，听说你又升级了，这一次改了啥，可以搞定死循环的程序吗？"一个程序问道。

　　"大家排好队，听好了，现在按照时间片来划分了，每个程序一次只有一小段时间，时间一用完我就要请他出来，让别的程序来了。"控制程序说道。

　　"那要是时间到了，我还没执行完可咋办呢？"

　　"大家不用担心，都是轮着来的，等下一轮又有机会执行了。"控制程序解释道。

"我们这么多程序，轮到下一轮，那不得等好久？"

"这台计算机从里到外都升级过了，别看它个头变小了，里面都是大规模集成电路，执行速度可比之前的大块头快了不少，每秒能执行几十万次运算呢！你们还没感觉到就转了一圈回来了。"

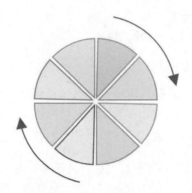

众程序听后一片哗然："每秒几十万次，我的乖乖！这也太快了，快让我们体验一下。"

说完，大家都摩拳擦掌排好队，准备登上这台升级后的计算机运行。

果不其然，升级后的计算机跑起来那叫一个快，有了时钟中断，控制程序总能按时获得CPU的控制权，在背后默默控制着程序们的运行，众程序丝毫感觉不到自己曾经停止过。

4.1.3 状态

不过，计算机速度虽然变快了，但慕名而来的程序也更多了，这些程序的功能也越来越复杂。

渐渐地，程序们不再满足于现状，开始出现了新的问题。

有些程序处于sleep（睡眠）状态，有些程序在同步等待，白白浪费了时间片，大家向控制程序提出了抗议，控制程序却说对待所有程序要一视同仁，要讲公平，大家当面不敢讲，背后却说他不作为。

控制程序把这个问题反馈给了人类，聪明的工程师又开始琢磨：所有程序都排成一个队来轮转确实有些欠妥，得给这些程序划分成不同的状态，只有准备就绪的程序才有资格执行。

人类一口气搞了好几个任务状态出来：创建、就绪、执行、阻塞、终止……

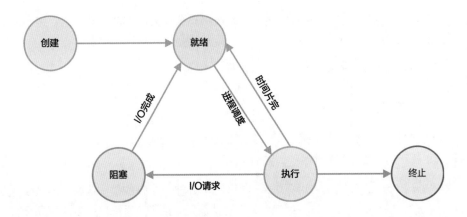

控制程序一下变得复杂起来，原来只要挨个传唤执行就行，现在还要记录他们的状态，选择合适状态的程序来运行，工作量增加了不少。

4.1.4 优先级

本以为这么一改，大家就会满意了，没想到有几个老油条私下找到控制程序："老哥，咱们几个程序对实时性要求比较高，能不能给咱们搞个VIP队列，别和他们一起排，优先执行我们？"

控制程序一听脸都绿了，断然拒绝。其中有一个家伙说道："我们几个程序可是非常重要的，要是延误了时间，你能担待得起吗？"

没办法，控制程序只能再次反馈给人类。工程师一想，倒也是，所有程序都是同样的优先级，确实太草率了。

工程师再一次升级了控制程序，这一次，不仅划分了任务状态，还设定了不同的优先级，划分了不同的队伍，让程序们去各自所在的优先级队伍排队，优先执行高优先级的程序。

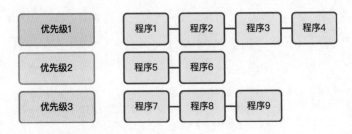

不仅如此，如果有高优先级的程序出现，即使低优先级程序的时间片还没用完，也会被剥夺执行机会，工程师把这叫作抢占。

不过，这一次的改动，控制程序把大家伙都蒙在鼓里，要是知道他们还被划分为三六九等，估计要闹翻天。

经过这一轮改动，大家总算过了一段清静日子。

4.1.5 多核时代

硬件技术发展得太快了，有一天，人类激动地告诉控制程序：现在CPU里有多个核了，可以真正同时执行多个程序了，我们决定再次对你升级！

可对于控制程序来说，这可不是什么好消息，本来一个核的程序调度管理已经让他够忙活的了，现在来了多个核，这调度管理任务就更复杂了。原来只是多个优先级的队列，现在每个核都得搞一套，真是想想都头大了。

人类开始对控制程序大动手术，把它变得越来越复杂，功能也越来越强大。

最后，还给他取了一个新的名字：操作系统。

小提示

> 故事归故事，操作系统这个名字可不是多核以后才出现的哦。
>
> 另外，现代操作系统更加复杂，状态、抢占、优先级、动态优先级、动态时间片、亲和性各种因素交织在一起，综合调度，还有多种调度算法并存。

4.2 程序运行的实体：进程

你好，我叫sshd，是这台计算机上一个普通而又特殊的进程。

说我普通，是因为这里上有几百上千个进程，我只是其中之一。

说我特殊，是因为我是专门负责提供SSH远程连接服务的进程，让人类可以远程操作这台计算机，没有了我，人类可要抓狂了。

对了，你可以通过运行ps或者top命令，看到我的进程信息。

```
[root@xuanyuan ~]# ps -ef | grep ssh
root       1120      1  0 2021 ?        00:00:11 /usr/sbin/sshd -D
```

我们每个进程都有一个身份证号码，叫作PID，比如我的是1120。

在我的PID后面还有一个数字，那是我的父进程——也就是创建我的进程的PID。

在这台运行Linux操作系统的计算机中，1号进程的名字叫init，是这里所有进程的共同祖先。

4.2.1　进程地址空间

在很久很久以前，听老一辈的程序说，他们那时候都直接使用真实的物理地址访问内存。

但是这样很不方便管理，多个进程都在内存里容易访问越界，一言不合就动起手来。

后来，新一代的CPU推出了一个很厉害的功能，可以为每一个进程都提供一个完整的虚拟地址空间，在这个空间里，只有自己一个进程。

从那时起，程序们就不再使用物理地址访问内存了，而是用这个虚拟内存空间中的地址。在使用这些虚拟地址访问内存的时候，CPU会自动把它们翻译成真实的物理内存地址，具体怎么翻译，这就是操作系统里的内存管理部门所要干的事了。

从那以后，同样一个内存地址，在不同的进程中看到的数据却是不一样的。这是因为这些内存空间都是虚拟出来的，并不是真实的物理内存条上的地址。

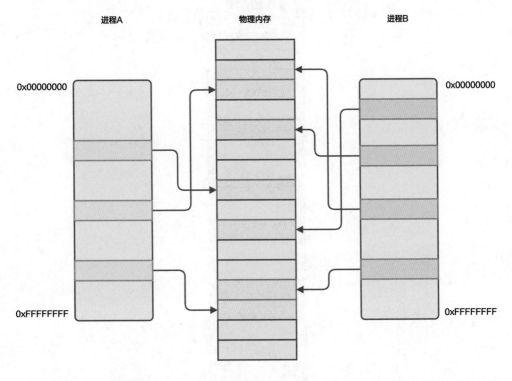

就这样，操作系统和CPU联合起来给我们施了障眼法，我们这些进程就只能乖乖地待在自己的一亩三分地里，进程之间都被隔离开来，我们再也看不到外面的世界了。

这个虚拟出来的地址空间非常大，如果是在32位的计算机上，就有4GB那么大，而我所在的计算机是64位的，这空间就更大了！

这么大的空间里，存放了很多重要的数据：

- 进程所属的可执行文件
- 可执行文件依赖的动态链接库
- 各个线程执行的线程栈
- 进程中动态分配内存的堆
- 映射到进程地址空间中的文件
- 和其他进程共享的数据

进程地址空间

可执行文件
动态链接库1
动态链接库2
进程堆
线程栈1
线程栈2
内存映射文件
内核空间

我最常访问的有存放代码和静态数据的可执行文件、存放代码执行过程数据的线程栈和存放动态分配数据的堆。

上面这些数据看起来很多，但其实所占的空间在整个进程地址空间中不值一提。除了这些地方，还有大片的空间都是没法访问的。

其他那些空间，想使用的时候需要提前申请，操作系统大管家给我们分配，要是没有分配直接就去访问，可就要出事了。CPU发现我访问了一个没有分配的内存页面，就会通知操作系统来处理，不出意外的话，操作系统会把我结束掉，那我就"凉"了。

在我们每个进程的地址空间里，都有一块叫内核地址空间的部分，这是一个神秘的区域，据说是操作系统内核在那里运行，但我们这些普通的进程也只是听说，从来没进去看过。

因为这部分内存页面被操作系统设置了需要内核权限才能访问，而我们这些普通的进程都没有这个权限。一旦我们想要访问这些内存地址，CPU也会捕获到异常并通知操作系统，等待我们的依旧是被结束掉的厄运。

我们这些普通进程，都像被操作系统老大哥关在了一个个笼子里，谁也不能做出格的事，谁要试图跑出这个笼子，将会受到惩罚。

4.2.2　进程调度

这台计算机上有很多进程，有提供Web服务的nginx进程，有提供数据库服务的mysql进程，还有提供缓存服务的redis进程……

这么多进程，都想要获得机会执行，但CPU却只有一个，所以大家需要排队，等待操作系统的统一调度。

操作系统给每个进程都分配了一小段时间，让我们轮流来执行，因为这段时间很短，一般都在毫秒级别，所以人类很难发现，还以为这么多进程都在同时运行呢。可别小瞧这一小段时间，对于人类来说很短，但CPU那家伙运行可快了，这一小段时间足够它执行很多很多指令了。

不过这只是一种理想情况，实际情况比这复杂得多。

比如有的进程分配的时间还没用完，但因为要等待或者睡眠，操作系统就会把它提前请出去，让出CPU。

还有的时候本来都快轮到我执行了，但因为有优先级更高的进程需要运行，也会强行插队进来，抢占CPU。

是的，在我们的世界里，进程也是分三六九等的，有的进程优先级高一些，可以抢占别的进程的时间。

你可能要问，CPU正在执行我们，操作系统是怎么把我们赶出去，让出CPU的呢？

这要归功于CPU提供了一个叫中断的技术，只要给它发送一个中断信号，CPU就会暂停手里的活儿，转而执行处理中断的程序。

计算机主板上的那些外部设备，比如键盘、鼠标、网卡等就是通过这种方式来和CPU联系的。

CPU有很多不同的中断信号，除了这些外部设备发送的中断信号，还有一个时钟中断，会周期性地被发送给CPU。而所有的中断处理程序都是操作系统在启动的时候就安排好的。所以一旦有中断信号来了，操作系统就会抢到执行的机会了！

4.2.3　进程与线程

以前的时候，每个进程里只有一个执行流，想要提高并发量，就需要创建多个进程实例出来。

但因为进程之间都被隔离开来，彼此联系不是很方便，虽然操作系统为我们提供了进程间通信的方法，但还是很麻烦的，而且需要为每个进程提供一个完整的地址空间，实在有点浪费资源。于是有人开始琢磨：能不能一个进程里有多个执行流呢？于是"线程"就这样诞生了。

现在一个进程里可以同时存在多个执行流，也就是多个线程，每一个线程都有自己的执行上下文和堆栈，互不影响。

最重要的是，这些线程看到的地址空间都是同一个，这样一来，线程之间要通信可就方便多了。

现在，操作系统调度执行的单位从原来的进程变成了线程！

发生变化的可不止我们软件，CPU也在进步，现在的CPU都是多核，每个核都可以运行一个线程，就可以同时运行多个不同的线程，真正实现了并发执行。

📷 4.3　CPU的执行流：线程

我是一个线程，刚刚被创建出来，这里的一切对我来说都是那么陌生。

没多久，我就被丢进了一个队列，在这里，我遇到了许多同类。

"6008号，你是新来的吧？"排在我前面的线程跟我打起了招呼。

"大哥，你怎么知道我是新来的？6008号是什么？"我好奇地问道。

"6008号是你的ID，我的ID是1409，我们每个线程都对应着一个task_struct结构，里详细记录了每个线程的信息，其中就包括线程ID和一些执行时间的字段。我看你的时间统计字段可都是0，一看就是新来的。"大哥说道。

```
struct task_struct {
  ...
  pid_t pid;
  pid_t tgid;
                    // 线程组ID，也是实际上的进程ID
  ...
  cputime_t utime, stime;
  cputime_t prev_utime, prev_stime; //记录当前的运行时间（用户态和内核态）
  ...
};
```

"原来是这样啊，我确实刚被创建出来不久就被丢到了这里，请问这里排队是在干吗？"

"这里是就绪队列，这里的线程都在等待被操作系统'翻牌子'，好有机会去CPU车间运行。"

"CPU车间，那是什么地方？"

"CPU是计算机中真正执行指令代码的设备，咱们线程想要得到运行，都要去那里。不过别担心，这里的CPU一共有8个车间，能够同时运行8个线程呢，而且速度很快，用不了多久就会轮到咱们了。"

说话间，又来了一个新的线程，排在了我后面。

"你也是新来的？6012号。"热情的大哥又跟我后面的线程打起了招呼。

"两位前辈好，没错，我刚刚被创建出来。"这新来的线程和我一样有些青涩。

"让我看看……你们俩同属一个进程，是一家人啊！"前面的大哥说道。

我俩都一头雾水地看着他。

"什么意思？"我俩齐声问道。

"你看，你们俩的tgid相同，说明是同一个进程的线程啦！"

见我俩还是一脸疑惑，热情的1409号线程大哥给我们讲起了一段历史。

原来，在很久以前，计算机的世界里是没有线程这个概念的，那时候只有进程，一个程序运行起来后就是一个进程。

一个进程拥有一个执行流，操作系统调度分配CPU的时候，都是以进程为单位进行的，想要提高并发量，就要开启多个进程。

多个进程一起协同工作，少不了要跨进程通信。但每个进程都拥有一个完整的虚拟地址空间，进程之间都是相互隔离的，所以进程之间想要通信还挺麻烦的，只能通过操作系统提供的一些机制来进行。

后来有人就琢磨，能不能在一个进程里，弄出多个执行流，这些执行流共享同一个进程地址空间，这样通信起来可就简单多了。

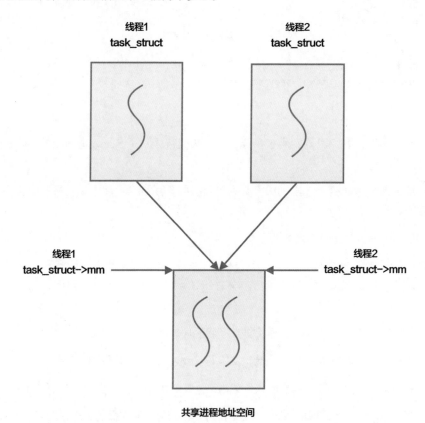

共享进程地址空间

于是，线程诞生了！

线程的本质就是一个个执行流，指定了CPU从进程空间的哪个位置开始执行指令。

我们每个线程都有一个堆栈，用来保存我们执行过程中的数据，函数调用时的参数、返回地址、局部变量都保存在这里，一个进程中的多个线程之间互不打扰。

以前，一个task_struct代表着一个进程，而现在它代表着一个线程了，同一个进程中的所有线程，组成了一个线程组，所以他们都拥有一样的tgid——线程组ID。

线程大哥给我们讲述的这段时间，陆陆续续又来了一些线程。

正说着，不远处走来了一个工作人员，从队列里带走了一个线程。

"怎么回事，那家伙才刚来，怎么就被挑选去执行了，我们都等半天了，也太不公平了吧！"我开始抱怨了起来。

"你不知道，那家伙的权重比咱们都高，看样子可能是个交互线程。"大哥说道。

"交互线程什么意思？这里的线程还分等级？"

大哥笑了笑说道："交互线程是对响应速度要求比较高的线程，这类线程的权重比较高，需要比我们普通的线程更快地得到运行，要是还要排长队等待运行，那这计算机肯定卡得不行了。"

"没想到线程的世界里还分了三六九等。"

"确实是这样，这里可不是讲先来后到的地方，插队的事情经常发生，要不了多久你们就会明白了。"

刚说完，工作人员又来了，这一次，1409线程大哥被带走了。

又过了一会儿，终于轮到我了！

在工作人员的带领下，我走进了CPU工作车间，第一次上机执行，内心还挺紧张。

这车间里有很多寄存器，很多计算设备，我一进去，CPU就从我的入口地址处取出指令开始执行。

CPU不断在我的线程堆栈里读写数据，不一会儿，我的函数调用堆栈就套了十几层。

"6008线程，你的时间用完了，保存好上下文准备出来。"正忙在兴头上，工作人员就把我叫了出去，接替我的刚好就是排在我后面的6012号线程。

我又一次来到了刚才的就绪队列里，之前的1409线程大哥也已经在这里了。

"第一次运行的感觉怎么样？"

"还不错，就是时间过得太快了。对了，我看到隔壁CPU车间的线程好像是从别的队列选进来的，这里还有别的就绪队列吗？"

"这里每一个CPU车间都有各自的就绪队列，这是一个8核的CPU，就有8个就绪队列。"

"为什么要分开呢？"

"要是合在一起的话，8个车间同时工作，为了不冲突，就要给队列加锁，会降低性能，所以就分开了。"

原来如此，我点了点头。

后来，我又进CPU车间里运行了几次，开始渐渐适应了这里的游戏规则。

直到有一次，我的时间还没用完，却因为需要等待硬盘读取数据而被赶了出来，工作人员带我来到了一个新的地方。

"为什么不带我去就绪队列呢？"

工作人员冷笑了一声，说道："你都说了是就绪队列了，你现在需要等待I/O完成才能继续运行，不属于就绪状态，所以不能去那里。"

"那我什么时候能再去就绪队列呢？"

"等通知吧，这里是等待队列，一会儿你等待的I/O完成后，会再把你放进就绪队列的。"说完，工作人员就离开了。

不知过了多久，工作人员才过来唤醒我："硬盘的数据来了，你可以去处理了。"

我赶紧起身，说话间就要往CPU车间的方向奔去。

"回来，你干吗去？"工作人员叫住了我。

"不是让我回去执行吗？"

"你想得还挺美，乖乖跟我回就绪队列里等着叫号吧。"工作人员一脸哭笑不得，搞得我尴尬得不行。

回到就绪队列，我又一次碰到了1409号线程大哥。

"好久不见，你去哪里了？"大哥又跟我打起了招呼。

"刚刚执行一个文件读写，我被发配到等待队列了。"

"我说这段时间咋没看到你，怎么样，现在适应了这里的规则了吗？"

"差不多了，基本上搞懂了。"

"哦？说说看。"

"这里的线程都在排队等待运行，权重越高的线程越优先被运行，不同线程每次能够运行的时间是不一样的，要是因为I/O、锁、睡眠等原因需要等待，也会提前让出CPU，进入等待队列……"

"不错嘛，学得还挺快。"

我俩正聊着，远处的CPU车间突然亮起了红灯，仔细一看，正是6012号线程在里运行。随后，另一个工作人员朝我走了过来，脸色有些凝重。

"不好，我认得他，是专门负责杀进程的。"1409号线程说道。

"怎么回事？为什么来找我。"我一下慌了。

"估计6012号线程刚刚触发了什么异常，看来你要被结束了。"

"那为什么要结束我啊？"

"因为你们同属一个进程，只要其中一个线程挂掉，所有线程都会被结束掉。"

6012号这个倒霉孩子，可把我害惨了！

> 在Linux操作系统最主要的线程调度器——CFS（完全公平调度算法）中，就绪队列虽然名为"队列"。但实际上是使用红黑树这一数据结构来组织管理线程的，所以这里的队列只是名义上的，实际上并不遵循一般队列的FIFO（先进先出）规则。

4.4 内核地址空间历险记：系统调用

我是一个线程，10ms之前，我被创建出来，随后进入了就绪队列等待被CPU"翻牌子"。

等了一小会儿，我终于被分配到了时间片，来到我的线程入口函数，开始执行起来。

一阵忙活过后，一个调用open函数的指令出现在我面前，跟随指令指向的方向，我来到了libc.so的地盘，进入了这个叫open的函数。

```
B8 02 00 00 00          mov     eax, 2
0F 05                   syscall                         ; LINUX - sys_open
48 3D 01 F0 FF FF        cmp     rax, 0FFFFFFFFFFFF001h
73 31                   jnb     short loc_EED69
C3                      retn
```

这个函数很简短，只有几条指令，我挨个执行起来。

这时，一条陌生的指令出现在我的面前：syscall。

我没有多想，拿起这条指令便开始执行，突然，我的眼前一黑，不知道发生了什么，过了一小会儿，亮光才出现。

4.4.1 神秘的长者

"欢迎来到内核地址空间！"一位白胡子老先生向我走了过来。

"你是？"我有点紧张。

"年轻人别怕，你是第一次来这里吧，难怪看着眼生。这里是操作系统的内核态地址空间，系统的核心都在这里，你们这些应用程序线程平时是很少来这里的，我就是专门在这里接待从用户地址空间下来的线程们，为你们指路的。"老先生一边说，一边将了将胡须。

"多谢老先生，劳烦您带一下路。"说完我俩就一起向前走。

"老先生，您刚才说的内核地址空间、用户地址空间，这都是什么意思？"我好奇地问道。

"你们每个程序的进程地址空间分为两个大的部分，一部分是用户地址空间，是你们这些应用程序所能访问的内存区域，另一部分是内核地址空间，是操作系统内核所在的内存区域。"老先生说道。

说完，我们来到了一面巨大的墙壁前，墙壁上有很多格子，每个格子上都写了一个编号。我注意到墙的最上面还有一块招牌，上面写着：sys_call_table。

系统调用表
sys_call_table

0	read	sys_read
1	write	sys_write
2	open	sys_open
3	close	sys_close
4	stat	sys_newstat
5	fstat	sys_newfstat
6	lstat	sys_newlstat
7	poll	sys_poll
8	lseek	sys_lseek
9	mmap	sys_mmap
10	mprotect	sys_mprotect
……	……	……

"年轻人，这是系统调用表，来，把你的编号给我。"老先生转过身来。

"编号？什么编号？"

"是一个数字，你来这里之前没看到吗？"

我想起来这里之前，在open函数中看到过一个数字，我记得把它放到eax寄存器里去了。

我从eax寄存器取出之前放置的数字，交给了老先生。

"哦，是2号，是要去sys_open啊。"说完，老先生打开墙上2号格子的抽屉，拿出了一个纸条交给我。

我接过来一看，只见上面写着：

sys_open: 0x7ffe10002030

"收好了，这是sys_open函数的地址，快去忙吧。"

"老先生，看来你对这里很熟嘛，还没看都知道我是要去sys_open函数那里。"

"那当然，从系统启动的第一天起，我就在这里工作了，这里的三百多个系统调用我早就背得滚瓜烂熟了，刚来的时候我也和你差不多年纪，现在都满头白发咯，岁月不饶人啊！"说完，老先生又捋了捋胡须。

4.4.2　系统调用

"您一直说的系统调用是什么意思？"我开口问道。

"这可就说来话长了。操作系统把管理文件、内存、进程、线程、网络还有硬件设备等资源的操作都封装成一个个函数，并专门提供了几百个函数接口出来，供你们这些应用程序使用，这些个函数就是系统调用，你前面拿到的sys_open函数就是其中一个，通过它就能打开文件了。"

"那为什么不把函数地址直接写在open函数里，我直接调用不就好了，干吗大费周章还要查一次表呢？这不是瞎耽误工夫嘛！"

老先生听了连连摇头："唉，这可不是瞎耽误工夫。这些系统调用函数都位于内核地址空间，而为了安全考虑，你们这些应用程序是没法直接访问内核地址空间的内存的，所以要单独设计一条通道，就像一个虫洞，连接用户态地址空间和内核态地址空间，当你们这些应用程序想要使用这些系统调用，就要带着具体的函数编号，从这个虫洞过来，然后查表获得函数地址后再去调用。"

"虫洞？是不是就是那个syscall指令，通过它进入的？"我恍然大悟。

"是的，没错！那就是执行系统调用的指令，通过执行它，就能切换到内核权限，跳转到这里来。这里的地址操作系统在启动的时候就已经设定好了，只要你执行syscall，就能来到这里。"

"原来如此。可我还是有点疑惑，虽然不能直接调用，但也可以把地址写到open函数中，等我通过syscall来到内核地址空间之后再调用嘛，干吗非弄一个编号来查呢？"我继续问道。

"那可不行，这些个函数的地址都是机密，怎么能随便透露给你们上面的应用程序呢。而且，为了安全，这些地址会随着系统每次启动而变化，不是一个固定的地址，所以还是要用编号来查哦！"

"我明白了，原来如此，感谢老先生，今天真是获益良多，时候不早了，我该去做我的正事了，再会！"

"年轻人再见，一会儿我们还会见面的，你还要从这里回去呢。"老先生说完就又去接待其他线程了。

4.4.3　内核堆栈

按照纸条上的地址，我来到了sys_open函数所在的地方，开始执行这里的代码，完成我要办理的事情。

我看到第一条是push指令，这是要往我的线程栈里放数据啊，我有些不知所措，因为之前都是在用户态地址空间工作，第一次来这里，没有栈可怎么办呐！

就在这时，旁边走过来一位大叔。

"你是第一次来这里吧？"大叔一下就看穿了我是新人。

"大叔你好，我确实是第一次来，这里没有堆栈，我怎么push啊？"我向大叔求救。

"怎么没有，你仔细看看你的栈指针rsp指向的地方呢。"

顺着rsp指向的地方望去，果然有一个栈，不过和我来之前在用户态地址空间的栈不太一样，它小了许多。

"大叔，这个栈是哪儿来的啊？"我又向大叔请教。

"这个叫线程的内核栈，每个应用程序的线程都有两个栈，一个在用户态地址空间，一个在内核态地址空间。这个就是你在内核态地址空间的栈，专门供你在内核态地址空间办事的时候使用，因为用得少，加上内核态地址空间的内存资源宝贵，所以比你之前那个栈小了很多，你可得省着点用，别一不小心搞个递归造成栈溢出了，那整个系统都会崩溃，我也要跟着遭殃啦，哈哈。"大叔笑着说道。

"哦，原来如此啊，多谢大叔。对了大叔，你也是从那个syscall虫洞穿越过来的吗？"

"不是的，我是……哦我还有事要忙，就此别过吧。"说完匆匆离去。

我大吃一惊！难道还有别的虫洞？

没有时间多想，我得赶紧办正事。

我又忙活了一阵，终于执行完sys_open函数，成功打开了文件，准备返回。

沿着堆栈里保存的返回地址，我一路回到了最开始遇见白胡子老先生的地方，一条sysret的指令出现在了我面前。

"老先生，我们又见面了，想必执行这条sysret指令我就能回去是吧？"

"年轻人很聪明嘛，学得很快，syscall和sysret是一对儿，一个送你来到这里，一个送你离开这里。下次再见！"老先生说完向我挥挥手。

我也挥手道别，随后拿起这条sysret指令，开始执行起来，熟悉的白光闪现，一眨眼工夫，我又回到了open函数中。

这第一次内核态地址空间之旅还真让人难忘。

在早期的x86架构的CPU中，操作系统执行系统调用是通过软中断进行的，如Linux系统上的int 0x80，Windows系统上的int 0x2E。

但软中断涉及内存查表（IDT），为提升性能，后来的CPU通过内部的MSR寄存器来支持系统调用（寄存器访问速度比内存快得多），并提供了专用的系统调用指令。

这些系统调用指令在x86架构的CPU下是sysenter/sysexit，在x64架构的CPU下是syscall/sysret。

4.5　当除数为0时，CPU发生了什么

我是一个线程，今天我的任务是去执行一段人类用C语言编写的代码。

今天运气比较好，刚被创建出来没多久，就分配到了CPU，我要开始去忙活了。

一开始的工作还比较顺利，但没多久，一条除法指令摆在我的面前，我瞟了一眼，除数居然是0，一种不好的预感涌上心头。没有办法，硬着头皮也得上啊，准备开始执行这个除法。

突然！我的眼前又是一黑，这个情形和我之前执行系统调用的时候差不多，可是我并没有执行系统调用啊，我只是执行一个除法，怎么会这样？

我心里开始犯嘀咕，打算等会儿问问原来的白胡子老先生这究竟是怎么回事。

很快,光亮开始出现,我来到了一个陌生的地方,四处弥漫着浓雾,一座大门出现在我眼前,我抬头一看,只见上面写着:0:divide_error。

除法错误?我越发紧张起来,这是到哪里了?

4.5.1 中断和异常

"年轻人,欢迎来到内核地址空间。"熟悉的问候语响起,走过来一位白发老先生,却不是我在系统调用时见过的那位,拄着一根木棍,看起来年纪比系统调用那位老先生还要大一些。

"敢问老先生,我怎么到这里来了,我并没有执行系统调用啊。"我向老先生打听情况。

"这里并不是系统调用的入口,因为你执行了除数为0的除法,触发了异常,所以来到了这里。"老先生说道。

"异常,这又是什么意思?"今天又听到一个新的名词。

只见老先生木棍一挥,大雾完全散去,我这才注意到,这里还有好多大门,它们一个挨着一个,形成了一面门墙,一眼望不到头。

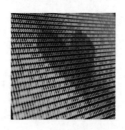

"老先生,这些都是什么啊,这到底是什么地方?"我对眼前的景象感到越发地好奇。

"这里是中断描述符表——IDT,是所有中断和异常发生时,你们会来到的地方。"老先生说了一堆我听不懂的话。

"中断又是什么?异常又是什么?IDT又是做什么的?"我"满脸的问号"。

"中断就是有重要的事情发生,要打断你们线程手头的工作,让出CPU必须去处理。"

"什么事情,这么重要?"

"比如有键盘按键被按下,鼠标被移动或点击,网络中有数据包到来等情况。"

"那异常呢?"

"异常就是CPU在执行你们这些线程的代码指令时出现了错误。"

"CPU执行指令还能出错？什么错误？"

老先生听完一笑，接着说道："那当然，比如做除法的时候除数为0，又比如访问的内存地址错误等这些情况。CPU一旦发现有问题，就会强制改变你们的执行流，来这里处理这些异常。"

"听起来和中断差不多嘛！"

"确实差不多，所以它们都用IDT来一起记录！不过实际上差别还是很大的哦。最大的区别在于中断是异步的，而异常是同步的！"

"这是什么意思？"

"因为中断什么时候来你是不知道的，你是被迫被打断的，而异常是你们执行指令主动造成的。"

"那IDT又是做什么的？"

"刚才我不是说发生中断和异常你们就会被打断嘛！那打断后该去哪里呢？IDT就是把所有中断和异常发生后要去处理的地方记录成了一个表，也就是你眼前所看到的这一面门墙了，总共256扇门，你现在触发的是除0错误，该抓紧时间去0号门里处理异常了！"

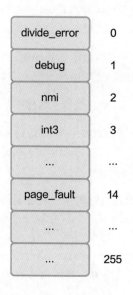

"这里记录的中断和异常处理函数都是哪来的？"

"当然是操作系统启动的时候设定好的，这里的CPU有8个核，每一个核都有一个

IDT，总共有8个。CPU核里有一个叫idtr的寄存器记录了这个表的地址，所以一旦发生了异常和中断，就能立刻转到这里来。"

原来是我刚才执行那条除法指令的时候触发了异常，才来到了这里。

4.5.2 信号投递

拜别了老先生，我进入divide_error函数开始处理这个异常。

沿着这里的代码，我先后进入了common_exception和do_divide_error两个函数。

越往前走，四周越发阴森，直到来到了force_sig_info面前，我碰到了另一个线程从这里返回，准备上前打听一下。

"大哥，前面是什么地方？"

"前面就是投递信号的地方了，你准备去投递什么信号？"

"信号，什么信号？"

"就是你手里的第一个参数，让我看一下。咦，是个SIGFPE信号，你是遇到除数是0的除法了吗？"

我一时有些惊讶，他居然看出了我的来历。

"不错，我确实是因为执行了一条除数是0的指令才来到这里的，你是怎么看出来的？"

"因为你手里的是SIGFPE，这是在数学运算出错时才会给进程发送的信号，而通常情况下是在除法除以0时发生，所以我才猜中的。"

"大哥，您口中一直说的信号，到底是什么意思？"

"这个信号就是Signal，用来告诉进程有事情发生了。比如常用的CTRL＋C进程就是发送SIGINT信号，kill（杀）进程就是SIGTERM信号，你现在手里的SIGFPE就是表示有数学运算错误。总而言之，这就是个通知而已。"

"那这通知发送到哪里呢？又是什么时候去处理呢？"我有些好奇。

"你继续往前执行就知道了。"

我歇息过后便又起身继续前行，进入force_sig_info后，先后跨过几个函数来到send_signal，我看到我的task_struct中有一个专门存放信号的队列，原来信号放在了这里。

```
struct task_struct{
    //...
    struct signal_struct *signal;
```

```
struct sighand_struct *sighand;
struct sigpending pending;
//...
}
```

按照这里的代码，我准备了一个信号对象加入到队列中，大功告成，准备返回。

4.5.3 异常返回

我很快回到了见到白发老先生的地方，一下难住了，我是触发了异常才来到这里的，现在我该回哪里去呢？

"年轻人，事情都忙完了？"老先生又一次出现了。

"老先生，嗯，我都忙完了，可是我现在该怎么回去呢？"

"你现在看看你的内核堆栈上面存了什么。"

我低头看了一眼我的内核堆栈，发现上面居然保存了除0指令后面那条指令的地址，这正是我要回去的地方。

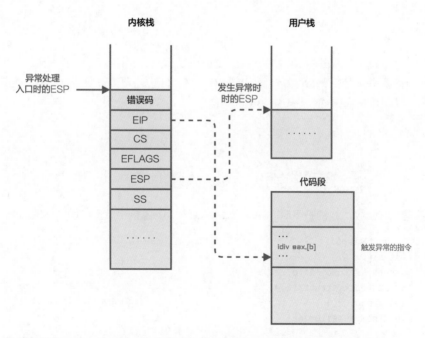

"这是什么时候存进去的，我不记得我往堆栈里保存过啊？"

"在你刚来到这里的时候就存进去了，确实不是你push进去的，而是当你触发异常时，CPU自动保存的现场，除了返回地址，还有一些其他关键寄存器的值都会保存进去。"

"原来如此，我知道我要去哪里了，可是我该怎么打开那个通道回到用户态模式下呢？"

"你看前面，有一条iret指令，通过它，你就能回到用户态空间了。"老先生向我指了指方向。

"ret指令我倒是经常执行，就是函数返回嘛，这个iret是什么，能有这么强大的能力？"

"iret就是interrupt return的意思，专门用于被中断或异常打断的线程处理完毕后返回用户态地址空间。"

"明白了，感谢老先生，我先告辞了，下次再见。"我再次向老先生拜别，准备回到我原来的地方。

"等一下，你现在还不能回去。"老先生拦下了我。

"不能回去？为什么？"

"回去之前还有件事要处理哦！你所在的进程有信号来了，需要先去处理！"

"什么？那信号是我刚刚投递的啊？"我回头一看，老先生竟然已经走远。

小提示

在线程从内核态返回用户态之前，比如系统调用、中断、异常等情况，会去检查当前进程是否存在未处理的信号，如果有，将会转去处理信号的流程。关于这部分内容，在"信号的处理"一节中还将详细描述。

4.6 发给进程的信号，到底去哪儿了

我是一个函数，我的名字叫__send_signal，是Linux内核中负责投递信号的函数。

```
int __send_signal(
    int sig,
    struct siginfo *info,
    struct task_struct *t,
    int group,
    int from_ancestor_ns
);
```

信号看起来有些像中断，主板上的硬件设备可以给CPU发送中断消息，通知CPU发生了某件事情，让CPU停下手里的活儿去处理。操作系统也可以给进程发送信号，通知他们发生了某件事情，让他们去处理。

内核中的其他模块只要调用我，就能给指定的进程发送一个信号消息。

4.6.1 可靠信号与不可靠信号

说起信号，这还是UNIX遗留下来的老古董技术，我们Linux也继承了下来。

我们继承的信号总共有32种，进程的描述符task_struct里有个位图，每一位代表一个信号。投递的时候很简单，我只要将位图中对应的那一位设置为1就行了！被投递的进程检查到这一位是1，就知道收到了什么信号，然后就转去处理。

```
struct sigpending {
    struct list_head list;              // 信号队列
    sigset_t signal;                    // 信号位图
};

struct task_struct{
    //...
    struct sigpending pending;       // 排队等待的信号
    //...
};
```

估计你也发现了问题，每一种信号只用1比特位来表示，如果发现那一位已经是1了，再次发送同一种信号就没什么用了，就会丢失信号。所以我们把继承下来的这些信号叫作不可靠信号。

有不可靠的自然就有可靠的，我们不仅继承了UNIX的信号技术，还将其发扬光大！

我们在原有基础上，对信号容量扩展了一倍，编号位1`64，从SIGRTMIN（34）到SIGRTMAX（64）之间的信号，就属于可靠的信号。

```
[root@xuanyuan ~]# kill -l
 1) SIGHUP       2) SIGINT       3) SIGQUIT      4) SIGILL       5) SIGTRAP
 6) SIGABRT      7) SIGBUS       8) SIGFPE       9) SIGKILL     10) SIGUSR1
11) SIGSEGV     12) SIGUSR2     13) SIGPIPE     14) SIGALRM     15) SIGTERM
16) SIGSTKFLT   17) SIGCHLD     18) SIGCONT     19) SIGSTOP     20) SIGTSTP
21) SIGTTIN     22) SIGTTOU     23) SIGURG      24) SIGXCPU     25) SIGXFSZ
26) SIGVTALRM   27) SIGPROF     28) SIGWINCH    29) SIGIO       30) SIGPWR
31) SIGSYS      34) SIGRTMIN    35) SIGRTMIN+1  36) SIGRTMIN+2  37) SIGRTMIN+3
38) SIGRTMIN+4  39) SIGRTMIN+5  40) SIGRTMIN+6  41) SIGRTMIN+7  42) SIGRTMIN+8
43) SIGRTMIN+9  44) SIGRTMIN+10 45) SIGRTMIN+11 46) SIGRTMIN+12 47) SIGRTMIN+13
48) SIGRTMIN+14 49) SIGRTMIN+15 50) SIGRTMAX-14 51) SIGRTMAX-13 52) SIGRTMAX-12
53) SIGRTMAX-11 54) SIGRTMAX-10 55) SIGRTMAX-9  56) SIGRTMAX-8  57) SIGRTMAX-7
58) SIGRTMAX-6  59) SIGRTMAX-5  60) SIGRTMAX-4  61) SIGRTMAX-3  62) SIGRTMAX-2
63) SIGRTMAX-1  64) SIGRTMAX
```

对于这些可靠的信号，我们Linux给所有的进程都设置了一个队列，我在投递信号的时候，除了要把对应的比特位设置为1，还要向这个队列添加一个信号对象，这样，即便同一种信号之前已经发送过，我也可以继续向队列中添加新的信号对象，基本上就不会丢失信号了。之所以说基本上而不是完全不会丢失信号，是因为队列的容量也是有限的，不能无限制地添加信号。

4.6.2 信号的处理

进程在运行的过程中，会因为系统调用、中断、异常等种种原因从用户态地址空间进入内核态地址空间运行，而当它们返回到时候，就会去检查有没有信号需要处理，如果有的话就会去执行对应的处理函数。

你可能会有疑问，要是一直没有系统调用、中断和异常发生，信号岂不是一直得不到处理？系统调用和异常我不好说，但中断是一直发生着，操作系统还依靠时钟中断来调度所有的进程呢，所以基本上等不了太久，信号就有机会被处理，人类甚至感觉不到这个延迟，还以为是实时处理的呢。

我们这里的所有信号都有默认的处理函数，当然了，应用程序们也可以来设置自己的处理函数，这样在收到这些信号的时候，它们设置的函数就能被调用了。

为了保存应用程序设置的这些处理函数地址，每个进程都有一张表格来存储它们，并把这张表格的地址保存到进程描述符中。

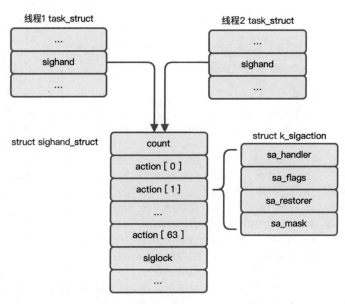

进程在处理信号消息的时候，拿到信号的编号，取出表格中对应的处理函数地址，然后去调用就可以了，非常方便。

但有一件比较麻烦的事情就是，进程不能直接去调用这些信号处理函数。因为去处理这些信号的时候，进程们还在内核态没有回去，而这些信号的处理函数是允许应用程序自己设置的，要是直接去调用它们，就是在内核权限下执行，一旦这些处理函数里写了恶意攻击的代码，那可就出大事了！

所以为了安全起见，我们这里规定：信号的自定义处理函数只能在用户态模式下运行！

为了实现这个目的，我的好兄弟，也就是负责处理信号的handle_signal函数会在进程的内核堆栈里构造出一个虚假的"中断现场"，将其中的返回地址修改为用户态地址空间中负责调用信号处理函数的入口，这样一会儿从内核态地址空间返回的时候就能转而执行信号处理函数了。

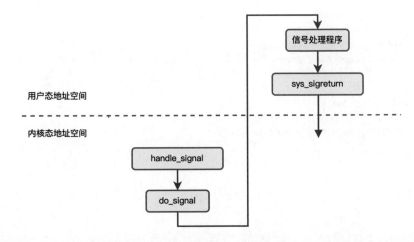

处理完之后再进入内核中，将这个虚假的中断现场移除，让进程按照原计划返回到该回去的地方。当然，如果这个时候还有别的信号没处理完，它还要再经历这个过程，直到所有的信号都处理完成。

悄悄告诉你，进程要是不希望老是被某些信号打断，也可以调用sigprocmask函数把这些信号屏蔽掉，加入黑名单。

当然了，不是所有信号都能被屏蔽，像SIGKILL和SIGSTOP就没法被屏蔽，进程也没法自定义处理函数，这是杀死进程的关键信号，可不能由进程胡乱更改和屏蔽。

4.6.3　多线程的信号处理

本来我的工作很简单，就是往目标进程的信号队列里添加一个信号对象，再把对应的位图标记设置为1就完事了。但自从有了线程以后，我的工作开始变得复杂起来。

以前我们Linux的世界里是没有线程这个概念的，那时候只有进程。一个进程就是一个任务，一个进程就是一个执行流，操作系统的多任务调度也是基于进程来进行的。

那时候，一个task_struct就代表着一个进程。

后来，线程的概念开始兴起，我们Linux也与时俱进，深度改造之后，也支持线程了！

我们用了一个非常巧妙的办法，用原来的task_struct代表一个线程，用一组共享地址空间的task_struct代表一个进程！所以在我们Linux的世界里，一个进程实际上就是一个线程组。

有了多线程之后，问题就来了。信号是发给线程的还是发给进程的？发给进程的话，那该具体由哪个线程去处理呢？

为了解决这个问题，task_struct中原来的信号等待队列只存放各个线程自己的信号，另外再单独设置一个队列来存放进程的信号，让所有的线程共享。

```
struct task_struct{
    //...
    struct signal_struct *signal;      // 进程的信号消息，由所有线程共享
    struct sigpending pending;          // 线程的信号队列，各个线程私有
    //...
};
struct signal_struct {
    //...
    struct sigpending shared_pending;
    //...
};
```

从那以后，我在投递信号的时候，还要根据信号是投递给线程还是进程进行不同的处理。

我的第四个参数叫group，就是用来告诉我，是给线程投递信号（group=0）还是给进程投递信号（group=1）。

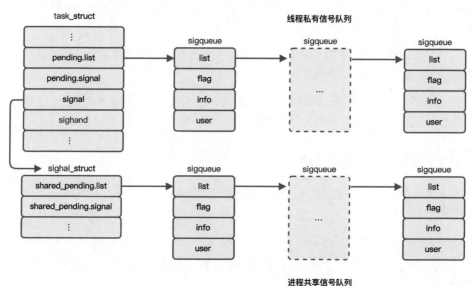

进程共享信号队列

如果你用kill或者sigqueue来发送信号，等调用链条来到我这里的时候，group就是1，我会把信号投放到共享的队列中。

而如果你使用tkill和tgkill来发送信号，等调用链条来到我这里的时候，group就是0，我会把信号投放到线程私有的队列中。

你可能会好奇，进程共享队列中的信号，该由哪个线程去处理呢？

实际上我也不知道，只要线程没有屏蔽这个信号，都有机会去处理，先到先得。

最后我还要告诉你一件事，存储信号的队列有共享和私有之分，但是记录信号处理函数的表格可不是每个线程都有一份，而是整个进程共享的，只要某个线程修改了信号的处理函数，所有线程都会受到影响。

4.7　困住线程的锁，到底是什么

我是一个线程，一个卖票程序的线程。

自从我们线程诞生以来，同一个进程地址空间里允许有多个执行流一起执行，效率提升的同时，也引来了很多麻烦。

我们卖票线程的工作很简单，比如票的总数是100，每卖一张就减1，直到变成0售完为止。

以前单线程的时候没什么问题，但多个线程一起执行的时候，有些家伙读取到票数是100，减1后变成99，还没等他把票数写回去，别的线程去读也是100，也做了同样的事，结果卖了两张票，票数才减1，一天下来，多卖了很多票，气得人类差点想砸了我们。

4.7.1　原子操作

我们把这个问题反馈给了操作系统大哥，他给我们的解决方案是：读取票数→票数−1→写回票数这三个步骤不能被拆分，中途不能被打断，他说这个叫原子操作。

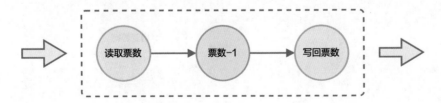

他给了我们一套原子操作的手册，其中不止有减法，还有加法、位运算，只要调用手册里的原子操作函数，就能保证逻辑的正确性。

我很好奇操作系统大哥是如何实现这个过程的原子化的，他告诉我，如果CPU只有一个核很好办，执行原子操作的时候，他不切换线程就可以。而如果CPU有多个核，就需要CPU来帮忙了。

你还别说，我们用这个原子操作来卖票后，再也没有发生超额卖票的问题。

4.7.2 自旋锁

有一天，我们卖票程序进行了升级，不再是直接读取票数→票数−1→写回票数这么简单，还需要安排座位，现在变成了：

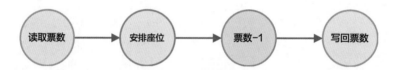

我们一翻手册，没有哪个原子操作函数能满足我们的功能，毕竟安排座位这个操作是咱们卖票程序自己的事，一点儿也不通用，操作系统大哥肯定不会专门为我们开发一个原子操作函数。

我们只好再一次求助操作系统大哥，他一看就说："你们这个问题，用自旋锁就可以解决。"

锁？我们还是第一次听说这玩意儿，不知道是什么意思。

操作系统告诉我们，让我们回去创建一个锁，这锁里有一个状态标记来表示当前有没有被占用，所有线程在执行卖票操作之前，都要先去获取这个锁，如果锁被占用了，线程就会阻塞在获取函数那里，获取函数内部会不断循环去检查，直到别的线程释放后才返回。

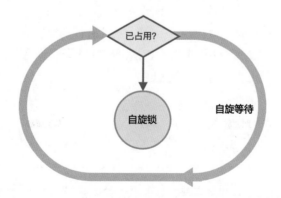

因为获取锁的时候线程会一直循环检查状态，所以这个锁也叫自旋锁。

现在，我们的工作流程变成了：

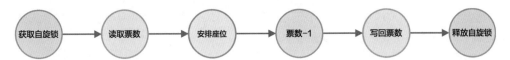

我们又可以愉快地卖票了！

4.7.3　互斥锁

我们的业务发展很快，后来，我们用上了数据库，把票的数量写到了数据库里，于是我们的工作流程变成了：

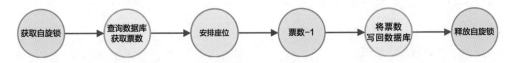

本以为只是把票数从本地内存搬到数据库，应该没什么不一样，结果我们发现运行经常出错，还莫名其妙地被杀掉进程。

我们向操作系统大哥大倒苦水，没想到他却说："你们还好意思诉苦，你们获取自旋锁后搞那么耗时的操作，让别的线程一直自旋等待，CPU跑得飞起，风扇转个不停……"

我们都羞愧地低下了头，原来，把票数从本地内存搬到数据库后差别这么大。

操作系统又接着说道："自旋锁因为会使得线程一直阻塞自旋，没有让出CPU，所以只适合快速处理的场合，像读取数据库这种很耗时的操作，不能用它，会白白浪费CPU时间！"

我们又询问操作系统："有没有别的不浪费CPU的办法呢？"

操作系统大哥又给我们介绍了一个叫互斥锁的东西，听说获取这个锁的时候，线程不会去自旋检查，而是把自己放到这把锁的等待队列中，然后就交出CPU执行权限，进入睡眠，看起来就和阻塞一样，等到后面别的线程释放锁之后，再去唤醒它的等待队列里的线程继续运行。

回去以后我们就用上了互斥锁，现在我们的流程变成了这样：

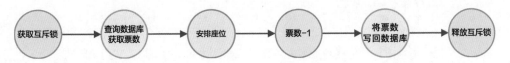

我们又能愉快地卖票了！

4.7.4 条件变量

有一天，我们的卖票程序又进行了升级，21~100号票价格比较便宜，交给其他线程来卖，1~20号票价格比较贵，交给我来卖。

现在，我们不同的线程卖的票不一样了。

别的线程的流程是这样的：

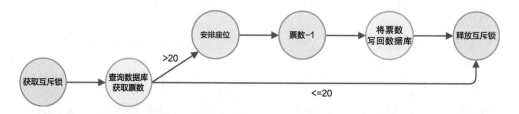

而我的流程是这样的：

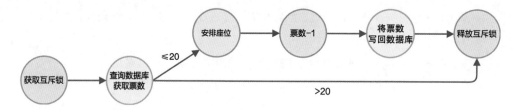

使用互斥锁倒也没什么问题，可就是我经常拿到锁以后发现票号还大于20，不该我处理，只好默默地释放锁，白白把我唤醒，却什么也没干！

空手而回的次数多了以后，我又去请教操作系统大哥，能不能让我指定一个条件，等条件满足了再唤醒我运行，别让我白跑。

没想到还真有办法！操作系统告诉我一个叫条件变量的东西，等待条件变量的线程平时阻塞着，别的线程发现条件满足之后，就将条件变量激活，那个时候等待的线程才会被唤醒。

回去之后，我和我的小伙伴们商量了一下，我们创建了一个条件变量，等到他们发现票号小于等于20的时候，就把条件变量激活，我就会被唤醒，再也不用白跑了！

4.7.5 信号量

互斥锁和条件变量真是好东西，帮了我们大忙，不仅帮我们解决了卖票的问题，还使用在其他很多地方，我们遇到的绝大多数同步和互斥问题都可以用它们来解决。

直到有一天，我们遇到了一个新的问题。

我们的票越卖越好，从100到1000，票的数量越来越多，来找我们买票的客户也越来越多。

因为每次售票都要访问数据库，连接它的线程有些多，那家伙有些吃不消了。

希望我们控制一下访问数据库的线程数量。

我们很自然地想到了互斥锁，只有拿到锁的线程才能去访问数据库。

可这互斥锁名叫互斥，只能允许一个线程拿到锁，总不能只允许一个线程访问数据库吧，那可不行。所以我们希望这个名额能放宽，允许多个线程同时获得锁。

我们再一次找到了操作系统大哥，大哥拿出了他的绝招——信号量。

他告诉我们，这信号量就像一个升级版的互斥锁，它有一个计数器，可以用来指定最多允许多少个线程同时获得它。

这正是我们想要的锁！

很快我们用上了信号量，我们又能愉快地卖票了！

 小提示

> 实际上数据库能承受的并发量远不止这些，这里为了故事情节需要，弱化了数据库的并发承载能力。

4.8 Linux的权限管理

我是一个线程，刚刚被创建出来。

今天的运气依旧很好，没有等太久就分配到了时间片开始运行。

4.8.1 打开文件的过程

一阵忙活过后，我通过系统调用来到了内核中的sys_open函数中，准备去打开一个文件，这是我第一次打开文件，内心还有些紧张。

这个函数很简单，简单执行几下就来到do_sys_open的地盘。

接下来，我又陆续调用do_filp_open、path_openat函数，一层层深入。

"打开一个文件怎么这么麻烦，搞这么多层级处理。"我开始有点不耐烦了，随口抱怨了一句。

"这才哪儿到哪儿，后面要走的路还长着呢，年轻人一点耐心都没有。"旁边另一个线程刚好从path_openat函数返回，听到了我的抱怨。

我有点不好意思，硬着头皮走了过去。

"老哥，前面还有多远？"

老哥也很热情，停下来说道："别着急，你继续往后执行就是了，接下来这段代码，主要是做打开文件前的一些准备工作，把你要打开的文件名和需要的权限准备好，然后找到你要打开的文件。"

"准备工作做完以后呢？"

这老哥没说什么，只是笑了一笑便离开了。

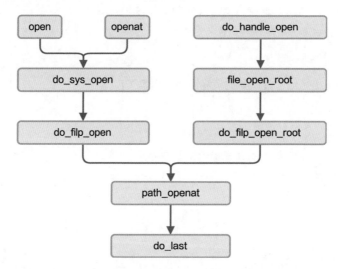

我只好继续往前执行，很快我来到一个叫do_last的函数面前，看这函数的名字，应该就是最后一层调用了吧，我打起精神，继续执行。

进入do_last函数，我傻眼了，这里看起来要做的事情很多啊，没办法，都走到这一步了咬着牙也得坚持下去。

一通操作之后，我终于看到了前面不远处有一个叫finish_open的函数，看样子马上就要真正打开文件了。

4.8.2 权限检查

刚准备继续前行，突然又一个线程冒了出来，跟我撞了个满怀。

"你是哪里冒出来的？"

"我刚从may_open函数返回，这里可太折磨人了。"

我这才注意到，原来在finish_open之前还有这么一个函数要执行。

"这里是去做啥的？"我问道。

"这里就是各种安全检查。"

"安全检查？"

"对，检查合格了才能让你打开文件，不合格就要打回去，你赶紧去吧。"这个线程说完就离开了。

真是怕啥来啥，打开一个文件怎么就这么难？还要做安全检查，我心里忐忑起来。

我小心翼翼地进入了may_open函数，这个函数倒也比较简单，没两步就又进入了一个叫inode_permission的函数。

这里的气氛一下子紧张了起来，几个彪形大汉在此值守。

"把你要打开的文件的inode拿来，还有你要的访问权限。"门口的一个大汉大声说道。

"访问权限我知道，我是要读取权限READ，你说的文件inode是什么，我……我这里只有文件的名字。"我感觉到自己有点紧张。

"我要你名字干什么，我们需要inode信息，不然怎么检查你有没有权限，你一路走到这里怎么会没有inode信息呢？"

他这么一说倒是提醒了我，让我想起刚刚在path_openat那里执行的时候，拿到了文件的一些信息，我掏出来看了看，里面果然有inode信息，我赶紧交给了他。

```
struct inode {
        umode_t                 i_mode;
        unsigned short          i_opflags;
        kuid_t                  i_uid;
        kgid_t                  i_gid;
        unsigned int            i_flags;

#ifdef CONFIG_FS_POSIX_ACL
        struct posix_acl        *i_acl;
        struct posix_acl        *i_default_acl;
#endif

        const struct inode_operations   *i_op;
        struct super_block      *i_sb;
        struct address_space    *i_mapping;

#ifdef CONFIG_SECURITY
        void                    *i_security;
#endif
```

"你跟我来，先去做常规DAC检查。"其中一个稍微面善的小哥带着我来进入了旁边一个叫generic_permission的函数。

这里有一台很大的机器在轰隆隆运转着，旁边还有三扇门，小哥走到机器前一通操作。

"我已经把你要访问的文件的inode信息输入进去了，你从面前那个门走过去一下。"

按照小哥的指示，我穿过了第一扇安检门，机器自动发出了提示音："ERROR，当前进程fsuid != 目标文件uid。"

听到提示音的我吓了一跳。

"看来这个文件不是你所属的用户的啊，没关系，再走过第二扇安检门试试。"

"小兄弟，这机器是怎么知道文件是不是我所属的用户的呢？"我有点好奇

"文件的归属用户id是保存在文件索引inode里的，而你所属的进程的用户id是保存在进程的task_struct里的，这台机器自动提取这两个信息进行比较就知道了。"小哥微笑着说道。

"原来是这样，我的进程描述符task_struct里确实有一个uid。"

小哥摇了摇头："不对不对，不是那个，是task_struct->cred里的fsuid，这个cred就是你的凭证，里面的内容非常重要，来咱们内核态地址空间办事，到处都要做权限检查，你可要收好了，弄丢了就麻烦了。"

```
struct cred {
    ...

    kuid_t    uid;      /* real UID of the task */
    kgid_t    gid;      /* real GID of the task */
    kuid_t    suid;     /* saved UID of the task */
    kgid_t    sgid;     /* saved GID of the task */
    kuid_t    euid;     /* effective UID of the task */
    kgid_t    egid;     /* effective GID of the task */
    kuid_t    fsuid;    /* UID for VFS ops */
    kgid_t    fsgid;    /* GID for VFS ops */

    ...
};
```

"那现在怎么办？这文件不是我所属用户的，我是不是没有权限打开呢？"

"别着急，你再走过第二扇门试试。"

在小哥的指示下，我又穿过了第二扇门，机器又一次发出了提示音："ERROR，当

前进程fsgid != 目标文件gid。"

又报错了！我越发地担心起来。

"看来你所属的用户也不在这个文件所属的用户组里啊。"小哥叹了口气。

我正想问，小哥又开口了："不过别着急，还有一次机会，快走进第三扇门。"

抱着一丝希望，走进了第三扇门，没有意外，机器又报警了："ERROR，目标文件权限640，其他用户无访问权限！"

我的心情跌落到了谷底，没想到忙活了这么久，居然没有权限打开。

"640是什么意思？为什么说无访问权限？"我有些不甘心地问道。

"这是那个文件的UGO权限值。"小哥说道。

"UGO，这又是什么？"

小哥离开那台机器，向我走了过来，耐心地解释道："UGO就是(User, Group, Other)的缩写，Linux操作系统为所有文件针对所属的用户、所属的用户组和其他用户分别设置了访问权限，读（Read）、写（Write）、可执行（Execute）三种权限的组合，总共用9个比特位来表示，这一位为1表示拥有权限，为0就是没有权限。为了方便表示，每三位用一个整数来表示，比如你现在要访问的文件的权限是640，其实就是110 100 000。这些权限信息和文件的归属信息记录在了索引信息inode里，这种权限管理方式叫UGO。"

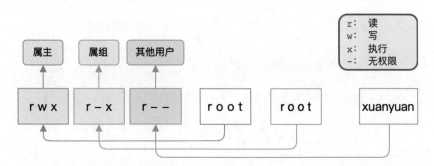

"原来是这样，我这进程背后的用户，既不是文件的属主，也不在文件所属的用户组中，所以是其他用户了，其他用户的权限是0，啥权限也没有，难怪打不开。"

"没错，学习得很快嘛！"

4.8.3 UGO与ACL检查

没想到终究还是白忙活半天，整理下心情，我准备返回了。

"哎，等一下，还有机会！"小哥突然叫住了我。

"UGO检查不是没通过吗？怎么还有机会呢？"我小声地问道。

"UGO权限检查没通过，不过我注意到你要访问的文件有ACL，也许还有机会呢。"

"ACL又是什么？"又来一个新词，我一下有点蒙。

"UGO的权限管理方式有些简单粗暴，很多细粒度的权限控制它做不了。为了更精细化地管理，咱们Linux又推出了新的权限控制策略，就是ACL(Access Control List)，访问控制列表的意思。在UGO的基础上，可以单独记录一些细粒度的权限信息，比如单独指定某一个用户或者某一个组允许其对文件的访问，这些信息就构成了一个访问控制列表，把这个表的地址放到了inode里，你看到那个红色的＋号了吗，表示这个文件是有ACL的，所以你还有机会再试一试。"小哥耐心地解释道。

`-rw-r-----+  1 xuanyuan xuanyuan    64 Feb   25 10:08 path.txt`

听完小哥的讲解，我又重新燃起了希望，辛苦大半天，我可不想空手而归。

小哥再次对着机器一通操作，出现了第四扇门，我给自己鼓了鼓劲，走了过去。

这一次机器没有发出刺耳的声音，而是一声清脆的"SUCCESS"！

小哥走了过来："恭喜，ACL检查通过了，可以回去了。"

检查通过的我仿佛经历了一场大考，心里如释重负，回去的步伐轻快了许多。

4.8.4　Cgroup与SELinux的检查

回到inode_permission函数里，我把刚才的检查结果交给了工作人员。

"OK，DAC检查已经通过了，接下来该去做Cgroup检查了！"

我的心咯噔一下，居然还有检查。

"Cgroup检查又是干吗的？"我忍不住问道。

"这是咱们Linux系统中进程分组控制管理部下辖的devices部门，在此奉命检查你是否有权限访问对应的设备，请配合我们的工作。"工作人员板着脸说道。

"这总该是最后一次检查了吧，完事儿总该放我走了吧？"

事实证明我还是太嫩了一点儿，听到我的问题，旁边又一位大哥走了过来："等会儿检查通过的话，我们SELinux部门还有最后一道检查，麻烦你再坚持一下。"

我一下没了力气，瘫坐在一旁："容我休息休息。"

 小提示

> 实际上，在Linux内核的权限校验函数里，当校验完进程所属用户和文件所属用户后，就会进入ACL的检查，而不是等到最后才检查ACL，文中为了故事逻辑的趣味性做了修改，这里特此说明。

4.9 计算机中"楚门的世界"

多年前的一个夜晚，风雨大作，一个名叫Docker的年轻人来到Linux帝国拜见帝国的长老。

"Linux长老，天下程序员苦于应用部署久矣，我要改变这一现状，希望长老你能帮帮我。"

长老回答："哦，小小年纪，口气不小，先请入座，你有何需求，愿闻其详。"

Docker坐下后开始侃侃而谈："当今天下，应用开发、测试、部署，各种库的依赖纷繁复杂，再加上版本之间的差异，经常出现在应用程序（简称为APP）开发环境中运行正常，而到测试环境和线上环境中就出问题的现象，程序员们饱受此苦，是时候改变这一状况了。"

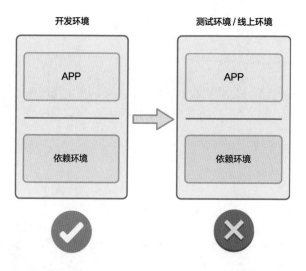

Docker看了一眼长老接着说道："我想做一个虚拟的容器，让应用程序们运行其中，将他们需要的依赖环境整体打包，以便在不同机器上移植后，仍然能提供一致的运行环境，彻底将程序员们解放出来！"

Linux长老听闻，微微点头："年轻人的想法不错，不过听你的描述，好像虚拟机就能解决这个问题。将应用和所依赖的环境部署到虚拟机中，然后做个快照，直接部署虚拟机不就可以了吗？"

Docker连连摇头说道："长老有所不知，虚拟机这家伙笨重如牛，体积又大，动不动就是以GB为单位的大小，因为它要运行一个完整的操作系统，所以跑起来格外费劲，慢就不说了，还非常占资源，一台机器上跑不了几台虚拟机就把性能拖垮了！而我想要做一个轻量级的虚拟容器，只提供一个运行环境，不用运行一个操作系统，所有容器中的系统内核还是和外面的宿主机共用的，这样就可以批量复制很多个容器，轻便又快捷。"

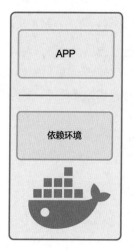

Linux长老站了起来，来回踱了几圈，思考片刻之后，忽然拍桌子大声说道："真是个好想法，这个项目我投了！"

Docker眼里见光，喜上眉梢，"这事还真离不开长老的帮助，要实现我说的目标，对进程的管理和隔离都至关重要，还望长老助我一臂之力！"

"你稍等。"Linux长老转身回到内屋。没多久就出来了，手里拿了些什么东西。

"年轻人，回去之后，尽管放手大干，我赐你三个锦囊，若遇难题，可依次拆开，必有大用。"

Docker开心地收下了三个锦囊，拜别Linux长老后，冒雨而归。

4.9.1 隐藏文件系统：chroot 与 pivot_root

受到长老的鼓励，Docker充满了干劲，很快就准备启动他的项目。

作为一个容器，首要任务就是限制容器中进程的活动范围——能访问的文件系统目录。绝不能让容器中的进程肆意访问真实的系统目录，要将他们的活动范围划定到一个指定的区域，不得越雷池半步！

到底该如何限制这些进程的活动区域呢？Docker遇到了第一个难题。

苦思良久未果，Docker终于忍不住拆开了Linux长老送给自己的第一个锦囊，只见上面写了两个函数的名字：chroot和pivot_root。

Docker从未使用过这两个函数，于是在Linux帝国四处打听它们的作用。后来得知，通过这两个函数，可以将进程看到的根目录修改为一个新位置。Docker大喜，长老真是诚不欺我！

有了这两个函数，Docker开始想办法"伪造"一个文件系统来欺骗容器中的进程。

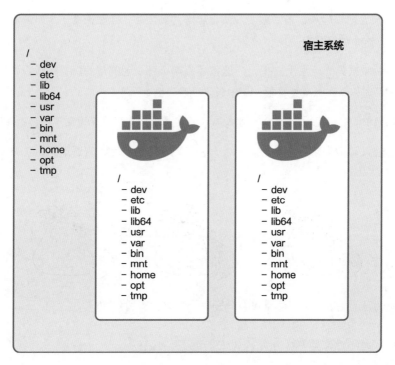

　　为了不露出破绽，Docker很聪明，把操作系统镜像文件和进程依赖的目录和文件通过联合挂载的方式，挂载到容器进程的根目录下，变成容器的rootfs，和真实系统目录一模一样，足可以以假乱真：

```
$ ls /
bin dev etc home lib lib64 mnt opt proc root run sbin sys tmp usr var
```

4.9.2　进程的隔离：命名空间

　　文件系统的问题总算解决了，但是Docker不敢懈怠，因为在他心里，还有一个大问题一直困扰着他，那就是如何把真实系统所在的世界隐藏起来，别让容器中的进程看到。

　　比如进程列表、网络设备、用户列表这些，是绝不能让容器中的进程知道的，要让他们看到的世界是一个干净如新的系统。

　　Docker心里清楚，自己虽然叫容器，但这只是表面现象，容器内的进程其实和自己一样，都是运行在宿主操作系统上的一个个进程，想要遮住这些进程的眼睛，瞒天过海，实在不是什么容易的事情。

　　Docker想过用HOOK的方式，欺骗进程，但实施起来太过复杂，兼容性差，稳定性也得不到保障，思来想去也没想到什么好的主意。

正在一筹莫展之际，Docker又想起了Linux长老送给自己的锦囊，他赶紧拿了出来，打开了第二个锦囊，只见上面写着：命名空间（namespace）。

Docker还是不解其中之意，于是又在Linux帝国到处打听什么是命名空间。

经过一阵琢磨，Docker总算明白了，原来这个命名空间是帝国提供的一种机制，通过它可以划定一个个的命名空间，然后把进程划分到这些命名空间中。

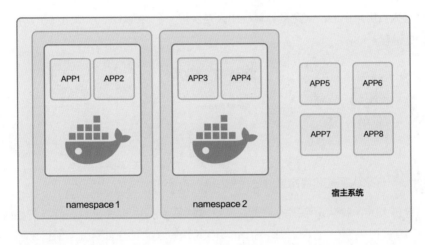

而每个命名空间都是独立存在的，命名空间里的进程都无法看到空间之外的进程、用户、网络等信息。

这不正是Docker想要的吗？真是踏破铁鞋无觅处，得来全不费工夫！

Docker赶紧加班加点，用上了这个命名空间，将进程的"视野"锁定在容器规定的范围内，如此一来，容器内的进程仿佛被施了障眼法，再也看不到外面的世界了。

4.9.3　行为的限制：Cgroup

文件系统和进程隔离的问题都解决了，Docker心里的石头总算放下了一大半，但心里又开始着急，想测试自己的容器，可又好奇这最后一个锦囊写的是什么，于是打开了第三个锦囊，只见上面写着：Cgroup。

这又是什么东西？Docker仍然看不懂，不过这一次管不了那么多了，先运行起来再说。

试着运行了一段时间，一切都在Docker的计划之中，容器中的进程都能正常地运行，都被他构建的虚拟文件系统和隔离出来的系统环境给欺骗了，Docker高兴坏了！

很快，Docker就开始在Linux帝国推广自己的容器技术，结果大受欢迎，收获了无数粉丝，连Nginx、Redis等一众大佬都纷纷入驻。

然而，在鲜花与掌声的背后，Docker却不知道自己即将大难临头。

这天，Linux帝国进程管理部的人扣下了Docker，Docker一脸诧异地问道："发生了什么事？"

管理人员厉声说道："这台计算机的内存快被一个叫Redis的家伙用光了，听说这是你启动的进程？"

Redis？这家伙不是我容器里的进程吗？Docker心中一惊！

"这位大人，我认识帝国的长老，麻烦通融通融，Redis那家伙，我自有办法收拾他。"

没想到他还认识帝国长老，管理人员犹豫了一下，就放开Docker到别处去了。

惊魂未定的Docker，思来想去，如果不对容器中的进程加以管束，那简直太危险了！除了内存，还有CPU、硬盘、网络等资源，如果某个容器进程霸占着CPU不放，又或者某个容器进程疯狂写硬盘，那迟早要连累到自己身上。看来必须对这些进程进行管控，防止他们干出出格的事来。

这时候，他想起了Linux长老的第三个锦囊：Cgroup！说不定能解这燃眉之急。

经过一番研究，Docker如获至宝，原来这个Cgroup和命名空间类似，也是Linux帝国的一套机制，通过它可以划定一个个分组，然后限制每个分组能够使用的资源，比如内存的上限值、CPU的使用率、硬盘空间总量等。系统内核会自动检查和限制这些分组中的进程资源使用量。

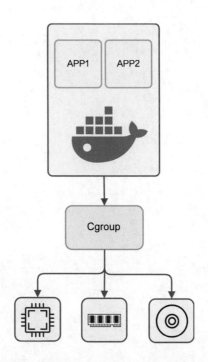

Linux长老这三个锦囊简直太贴心了，一个比一个有用，Docker内心充满了感激。

随后，Docker加上了Cgroup技术，加强了对容器中进程的管控，这才松了一口气。

在Linux长老三个锦囊妙计的加持下，Docker可谓风光一时，成为了Linux帝国的大名人。

第 5 章
系统编程那些事儿

第4章，我们了解了操作系统的一些原理性知识。

在这一章，我们更进一步，通过8个小故事，去看看和我们日常
编程更加密切相关的一些技术：I/O多路复用、进程间通信、内
存映射文件等背后的原理。

5.1　进程是如何诞生的

"你还有什么要说的吗？没有的话我就要动手了？"kill程序最后问道。

这一次，我没有再回答。

只见kill老哥手起刀落，我短暂的一生就这样结束了……

我是一个网络程序，一直以来都运行在Windows系统下，日子过得很舒服。可前段时间，程序员告诉我要把我移植到Linux系统下运行，需要对我大动手术，我平静的生活就这样被打破了。

来到这个叫Linux的地方运行，一切对我来说都很陌生，没有了熟悉的C盘、D盘和E盘，取而代之的是各种各样的目录。

```
/bin
/boot
/etc
/dev
/mnt
/opt
/proc
/home
/usr
/usr64
/var
/sys
......
```

这里很有意思，一切都是文件，硬件设备是文件、管道是文件、网络套接字也是文件，搞得我很不适应。

这些都还好，我都还能接受，但直到今天……

5.1.1　奇怪的fork

今天早上，我收到了一个网络请求，需要完成一个功能，这个工作比较耗时，我准备创建一个子进程，让我的小弟去完成。

这是我第一次在Linux系统上创建进程，有点找不着北，看了半天，只看到程序员在我的代码里写了一个fork函数：

```
pid_t pid=fork();
if ( pid > 0 ) {
    ...
```

```
} else if( pid == 0 ) {
    ...
} else {
    ...
}
```

我晃晃悠悠地来到fork函数的门前，四处观察。

"您是要创建进程吗？" fork函数好像看出了我的来意。

"是的，我是第一次在这里创建进程，以前我在Windows那片儿的时候，都是调用CreateProcess，但这里好像没有叫这个名字的函数……"

fork函数听后笑了起来，说道："别找了，我就是负责创建进程的函数。"

"你？fork不是叉子的意思吗，好端端的干吗取这么个名字？" 我一边说，一边朝fork函数走去。

fork没有理会我的问题，只是说道："您这边稍坐一下，我要和内核通信一下，让内核创建一个子进程。"

这我倒是明白他的意思，像创建进程这种操作，都是由操作系统内核中的系统调用来完成的，而像fork这些我们可以直接调用的函数只是应用层的接口而已，这和以前在Windows中是一样的。

不过我突然反应过来，着急问道："喂，我还没告诉你要创建的进程参数呢，你怎么知道要启动哪个程序？"

fork扑哧一下笑出了声，不过并没有回答我的问题。

人生地不熟的，我也没好再多问，只好耐心等待，等待期间我竟然睡着了。

"醒醒。"不知过了多久，fork函数叫醒了我："创建完成了，请拿好，这是进程号pid。"说完给了我一个数字。

我摊开一看，上面居然写了一个大大的0！

"怎么搞的，创建失败了？" 我问道。

"没有啊，您就是刚刚创建的子进程。"

"啥？你是不是搞错了，我就是专程来创建子进程的，我自己怎么会是子进程？"

fork函数又笑了，"我没有搞错，您其实已经不是原来的自己了，而是一个复制品，是内核刚刚拷贝出来的。"

"复制品？什么意思？" 我越听越蒙！

"每个进程在内核中都是一个task_struct结构，刚才您睡着期间，内核在创建进程的时候，把内核中您原来的task_struct拷贝了一份，还创建了一个全新的进程地址空间和堆栈，现在的您和原来的您除了极少数地方不一样，基本上差不多。"

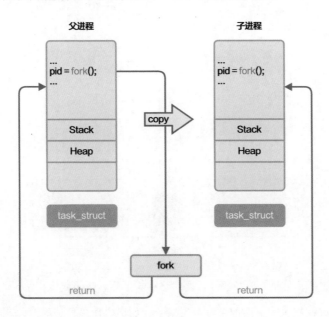

"那原来的我呢？去哪里了？"

"他已经变成您的父进程了，我是一个特殊的函数，一次调用会返回两次，在父进程和子进程中都会返回。在原来的进程中，我把您的进程号给了他，而我返回给您0，就表示您现在就是子进程。"

原来是这样，我大受震撼，这简直颠覆了我的认知，居然还有如此奇特的函数，调用一次，就变成了两个进程，思考之后，我忽然有些明白这个函数为什么要叫fork了。

5.1.2　写时拷贝

"您是刚来咱们这里吧，可能还不太熟悉，慢慢就习惯了。"

"你们这效率也太高了吧，整个进程地址空间那么大，居然这么快就拷贝了一份！"

fork函数又笑了！难道我又说错话了？

"进程的地址空间可没有拷贝，您现在和父进程是在共享内存空间。"

"啥？共享？你刚才不是说创建了新的进程地址空间和堆栈吗？"

"您看到的进程地址空间是虚拟的，您的内存页面和父进程的内存页面是映射到同一个物理内存页上的，所以实际上是共享的哟。"

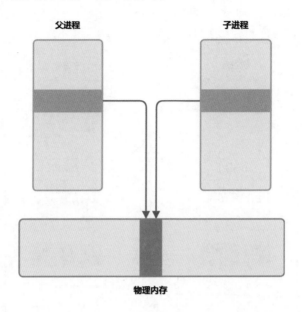

"原来是这样，可是弄成共享了，两个进程一起用，岂不是要出乱子？"

"放心，内核把这些页面都设置成了只读，如果你们只是读的话，不会有问题，但只要有一方尝试写入，就会触发异常，内核发现异常后再去分配一个新的页面让你们分开使用。哦对了，这个叫写时拷贝（COW）机制。"

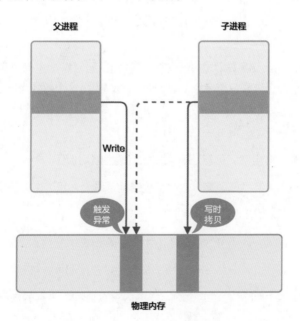

"有点意思，你们倒是挺聪明的。"

"没办法，尽量压缩成本，提高创建进程的效率嘛，因为进程中的很多内存页面都只会去读，如果全部直接拷贝一份，那不是太浪费资源和时间了吗？"fork函数说道。

"有道理，有道理。"我点了点头，告别了fork函数，准备回去继续工作。

5.1.3　消失的线程们

本以为这奇怪的进程创建方式已经让我大开眼界了，没想到可怕的事情才刚刚开始。

告别fork函数没多久，我就卡在了一个地方没法执行下去，原来，前面有一把锁被别的线程占用了，而我现在也需要占用它。

这倒也不足为奇，以往工作的时候，也经常碰到锁被别的线程锁定的情况，但这一次，我等了很久也一直不见有线程来释放。

"喂，醒醒。"

不知过了多久，我竟然又睡着了。

我睁开眼睛，发现另一个程序出现在我的面前。

"你是？"

"你好，我是kill。"

"kill？那个专门杀进程的kill程序？你来找我干吗？"我惊得一下睡意全无。

```
[root@ns1 ~]# kill -l
 1) SIGHUP       2) SIGINT       3) SIGQUIT      4) SIGILL
 5) SIGTRAP      6) SIGABRT      7) SIGBUS       8) SIGFPE
 9) SIGKILL     10) SIGUSR1     11) SIGSEGV     12) SIGUSR2
13) SIGPIPE     14) SIGALRM     15) SIGTERM     16) SIGSTKFLT
17) SIGCHLD     18) SIGCONT     19) SIGSTOP     20) SIGTSTP
21) SIGTTIN     22) SIGTTOU     23) SIGURG      24) SIGXCPU
25) SIGXFSZ     26) SIGVTALRM   27) SIGPROF     28) SIGWINCH
29) SIGIO       30) SIGPWR      31) SIGSYS      34) SIGRTMIN
35) SIGRTMIN+1  36) SIGRTMIN+2  37) SIGRTMIN+3  38) SIGRTMIN+4
39) SIGRTMIN+5  40) SIGRTMIN+6  41) SIGRTMIN+7  42) SIGRTMIN+8
43) SIGRTMIN+9  44) SIGRTMIN+10 45) SIGRTMIN+11 46) SIGRTMIN+12
47) SIGRTMIN+13 48) SIGRTMIN+14 49) SIGRTMIN+15 50) SIGRTMAX-14
51) SIGRTMAX-13 52) SIGRTMAX-12 53) SIGRTMAX-11 54) SIGRTMAX-10
55) SIGRTMAX-9  56) SIGRTMAX-8  57) SIGRTMAX-7  58) SIGRTMAX-6
59) SIGRTMAX-5  60) SIGRTMAX-4  61) SIGRTMAX-3  62) SIGRTMAX-2
63) SIGRTMAX-1  64) SIGRTMAX
```

kill程序从身后拿出了两个数字：9，1409

"你看，这是我收到的参数，1409是你的进程号PID，9表示要强制杀死你。"

"啊？为什么？"那一刻，我彻底慌了。

"可能是你卡死在这里太久了吧，人类才启动我来结束你的运行。"kill程序说道。

"是啊，不知道是哪个该死的线程占用了这把锁一直不释放，我才卡在这里的。"我委屈地说道。

"哪里有别的线程，我看了一下，你这进程只有一个线程啊！"

"你看错了吧？"说完，我认真检查了起来，居然还真的只有一个线程了！我白等了这么久！

"奇怪了，我明明是一个多线程的程序啊！"我眉头紧锁。

"你仔细想想，刚才有没有发生什么事情？"kill程序问道。

"我就执行了一下fork，生成了一个子进程，哦对了，我就是那个子进程。"

"难怪！"kill程序恍然大悟。

"难怪什么？"

"fork那家伙创建子进程的时候，只会拷贝当前的线程，其他线程不会被拷贝！"kill程序说完叹了口气，仿佛已经见怪不怪了。

"啊？怎么会这样？没拷贝其他线程，那岂不是要出乱子？"

kill程序不紧不慢地说道："这都是历史遗留问题了，早期都是单线程的程序，一个task_struct就是一个进程，fork这样做是没有问题的，后来出现了多线程技术，一个task_struct实际上是一个线程了，多个task_struct通过共享地址空间成为一个线程组，也就是进程，但fork仍然只拷贝当前的线程，就有了这个问题。"

"这坑人的fork！"

"你不是第一个被坑的了！等着程序员把你重新改造下吧。"

"唉……"我长长叹了口气。

"你还有什么要说的吗？没有的话我就要动手了。"kill程序最后问道。

这一次，我没有再回答。

只见kill老哥手起刀落，一切都消失了……

5.2 线程的栈里都装了什么

我是一个栈，是线程最好的伙伴，线程运行过程中的数据都保存在我这里，所以人们把我叫作线程栈。

一个进程里面可能会有很多个线程，不同线程的数据可不能混在一起，所以每一个线程都有属于自己的线程栈。

作为一个栈，我自然是遵循后进先出（LIFO）的行业标准的。

线程在运行的时候，通过执行push和pop指令，就能向我压入数据和弹出数据了。

CPU里有个叫RSP的寄存器始终指向我的栈顶位置，压入数据和弹出数据的时候，它都会自动指向新的栈顶位置。

除了push和pop，还有两条特殊的指令，也能压入和弹出数据，它们都和函数调用有关。

一条是call指令，它是专门用来调用函数的，CPU在执行call指令的时候，会把call指令后面的那条指令地址保存到栈里面，等调用完函数后才能回来继续往后执行。

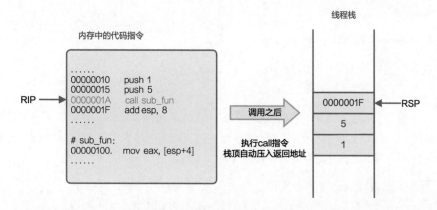

另一条是ret指令，它是函数执行完后用来返回到调用它的地方的指令，CPU在执行ret指令的时候，就会把之前保存在这里的地址取出来，跳转过去。

说到函数调用，免不了要传递参数。使用我们线程栈来传递参数就很方便，调用者把参数push（压入）到栈里，被调用的函数按照顺序去从栈里读取就行了。

但是说起来简单，实际落地的时候，就有很多细节问题需要考虑。

比如，参数入栈的顺序该从左到右还是从右到左，就是一个问题。函数调用完成的时候，还需要恢复栈空间，应该调用者去恢复还是被调用的函数去恢复，又是另一个问题。

因为这些问题，还诞生了一些不同的函数调用约定，调用者和被调用函数需要遵循同一个约定，才能协同工作，不然就会出乱子。

不过现在我发现，很多时候他们都不通过我们线程栈来传参了，而是选择用寄存器传参！

我们线程栈说穿了还是在内存中，不管执行push还是pop指令，本质上都要读写内存，这读写速度自然比不上CPU内部寄存器的读写速度。

以前CPU里的寄存器还不多，虽然有8个通用寄存器，但实际上一点也不通用，基本上每一个都有特别的用途，所以腾不出多少寄存器来传递参数。但现在64位的CPU，除了原来的寄存器，又新增了R8~R15共8个通用寄存器，很多时候函数们都选择用这些寄存器来传递参数，性能比以前提高了不少。

5.2.1 自动增长

其实，我们线程栈就是线程所属的进程地址空间里面的一块内存区域而已，只不过这块内存区域的读写操作都要按照栈的规范进行，而不是随意读写。

既然是内存区域，那就有容量上限。你可以通过ulimit -a命令看到我们线程栈的大小：

```
[root@xuanyuan xuanyuan]# ulimit -a
...
stack size              (kbytes, -s) 8192
...
```

在这台计算机上，线程栈的默认大小是8192KB，也就是8MB。但实际上，不是一开始就给我们分配这么大的空间的，一台计算机里有太多的线程，要是每个线程都分配这么大的空间，那加起来也是一笔不小的开销了。

而且很多线程运行根本不需要这么大的栈空间，如果都分配8MB，那也是一种浪费。

所以，这里的游戏规则就像人类去吃自助餐，需要的时候再拿，而不是一开始就拿太多，吃不下造成浪费。

具体来说，一开始的时候，栈空间远远小于8MB，可能只有几个内存页面，随着函数调用层次的加深，线程栈里的数据越来越多，迟早会把数据写到已经分配的页面之外，这时候CPU就会检测到缺页异常。在操作系统的缺页异常处理流程里，如果发现是咱们线程栈的内存空间，就会在这个时候分配新的内存页面给我们栈空间。

应用程序是感知不到这个过程的，对他来说好像什么也没有发生，这就是我可以自动增长的秘诀。

但自动增长也不是无限制的，如果超过了8MB还不够用，那就完蛋了，操作系统不会再给我们分配新的内存页面，进程就会被杀死。所以程序员们最好别在函数里使用太占空间的局部变量，如果有大的内存使用需求，可以去堆里分配，那里的空间可比我们这里大多了。

5.2.2　内核栈

线程在运行的时候，经常会因为中断、异常、系统调用等一些原因进入到内核空间运行，去执行那里的函数代码。

只要执行函数，就会用到线程栈，可操作系统内核中藏了太多的秘密，他可不想把内核函数运行过程中的数据泄露出来。

所以为了安全起见，每一个线程，在内核空间也有一个线程栈，供线程在内核空间执行的时候使用。

为了和我们普通的线程栈区别，那里的线程栈叫作内核栈。

不过内核栈的容量比起我们就小太多了，听说只有一两个内存页面的大小，也就是4KB或8KB，所以在那里执行的时候要当心，尤其是递归调用，要是一不小心把内核栈的空间耗光了，那问题可就严重了！

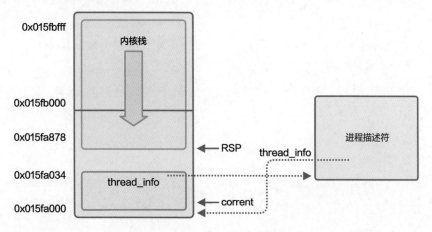

5.2.3　栈溢出

线程执行的过程其实就是不断调用函数的过程，线程每次在调用函数的时候都会把返回地址保存在我这里，这样一来，就能回溯出整个调用链条，程序员们在排查问题的时候就方便多了。

不过把返回地址保存在线程栈里也是一件很危险的事情，要是在运行的时候，不小心覆盖了栈里的数据，把返回地址给覆盖掉的话，事情就麻烦了！

如果只是不小心覆盖那也罢了，大不了进程挂掉，而要是有人精心构造数据，把返回地址覆盖成恶意代码的地址的话，那可就要出大事了！

以前的黑客们就特别喜欢干这种事情，他们利用程序中一些不安全的函数，比如strcpy，精心构造一些数据拷贝到栈里，数据里面潜藏了恶意代码，把栈里保存的返回地址给覆盖成恶意代码的地址，这样函数返回的时候，执行ret指令，就会跳转到恶意代码的地址去执行，劫持了线程的执行流程！

这就是大名鼎鼎的栈溢出攻击。

那些年的栈空间里，发生了太多这样的故事，不过后来操作系统和CPU联合起来推出了很多安全机制，这样的攻击方式已经越来越少了。

5.3 进程间如何通信

月黑风高夜，突然听到咣当一声，Web服务器的目录下冒出两个文件，弄出了不小的声响。这两个家伙一胖一瘦，鬼鬼祟祟，潜入这台计算机，不知要搞什么名堂。

"二弟，一会儿咱们按照计划好的运行起来，分头行事，你等我信号，拿到数据后赶紧撤。"胖子对瘦子说道。

"老大，这地方我不熟悉，我怎么等你信号？咱们得想个联系方式，一会儿通信用。"瘦子说道。

"不用担心，主人都交代好了。"胖子一边说，一边从身后拿出一本《Linux进程间通信手册》翻了起来。

5.3.1 信号

翻开手册的第一页，上面写着：信号——Signal，两个家伙开始认真研究起来。

片刻之后，胖子程序说道："唉，这个不行，往后翻吧！"

瘦子程序不解，问道："咋就不行啦？"

"你看这里，手册上说了，信号是Linux上的一种软中断通信机制，可以向指定进程发送通知，总共有64种信号，不过这个信号只能作为通知使用，没办法传输数据。"

```
[root@VM_0_15_centos ~]# kill -l
 1) SIGHUP       2) SIGINT       3) SIGQUIT      4) SIGILL       5) SIGTRAP
 6) SIGABRT      7) SIGBUS       8) SIGFPE       9) SIGKILL     10) SIGUSR1
11) SIGSEGV     12) SIGUSR2     13) SIGPIPE     14) SIGALRM     15) SIGTERM
16) SIGSTKFLT   17) SIGCHLD     18) SIGCONT     19) SIGSTOP     20) SIGTSTP
21) SIGTTIN     22) SIGTTOU     23) SIGURG      24) SIGXCPU     25) SIGXFSZ
26) SIGVTALRM   27) SIGPROF     28) SIGWINCH    29) SIGIO       30) SIGPWR
31) SIGSYS      34) SIGRTMIN    35) SIGRTMIN+1  36) SIGRTMIN+2  37) SIGRTMIN+3
38) SIGRTMIN+4  39) SIGRTMIN+5  40) SIGRTMIN+6  41) SIGRTMIN+7  42) SIGRTMIN+8
43) SIGRTMIN+9  44) SIGRTMIN+11 45) SIGRTMIN+12 46) SIGRTMIN+13 47) SIGRTMIN+13
48) SIGRTMIN+14 49) SIGRTMIN+15 50) SIGRTMAX-14 51) SIGRTMAX-13 52) SIGRTMAX-12
53) SIGRTMAX-11 54) SIGRTMAX-10 55) SIGRTMAX-9  56) SIGRTMAX-8  57) SIGRTMAX-7
58) SIGRTMAX-6  59) SIGRTMAX-5  60) SIGRTMAX-4  61) SIGRTMAX-3  62) SIGRTMAX-2
63) SIGRTMAX-1  64) SIGRTMAX
[root@VM_0_15_centos ~]#
```

"没法传输数据？那这玩意儿有什么用？"

"还是有用啊，可以通知某个进程发生了什么事件，比如kill命令就是利用这个信号来告知进程退出从而实现杀进程的效果的。"

"原来如此。"瘦子程序若有所思地点了点头，此时胖子已经翻到了手册的第二页。

5.3.2　socket套接字

"你看，手册上写了，可以用socket。"胖子说道。

"socket？那不是网络通信使用的吗？"瘦子有些疑惑。

"是啊，不过咱们一样可以用来在本地计算机通信，把连接的IP地址换成127.0.0.1就行了。"

"感觉有点太招摇了，咱们在计算机内部进程通信，数据还要经过网卡，很容易被发现的！"

"不会不会，手册上说了，127.0.0.1是本地回环地址，数据在协议栈就转发了，根本不会到达网卡。"

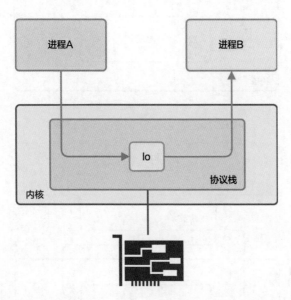

"那抓包能抓到咱们通信吗？"

"嗯，让我看看……手册上说，可以在虚拟的回环网卡lo上抓到数据。"

"还是算了吧，咱干这事得悄悄进行，不能留下痕迹，你再看看还有没有别的招儿。"

听瘦子这么一说，胖子倒也觉得有理，便在手册上继续翻了起来。

5.3.3　匿名管道

"哎，有了有了，这个叫匿名管道的，听起来就比较隐秘，应该不会被发现。"

瘦子接过手册，看了起来。

这俩盯着手册上的两张图研究半天，总算弄明白了，所谓匿名管道不过是内核中的一段缓冲区，提供读、写两个口，通过fork创建子进程后，子进程继承父进程的管道信息，两边只要约定好，一个读，一个写，就能实现通信了。

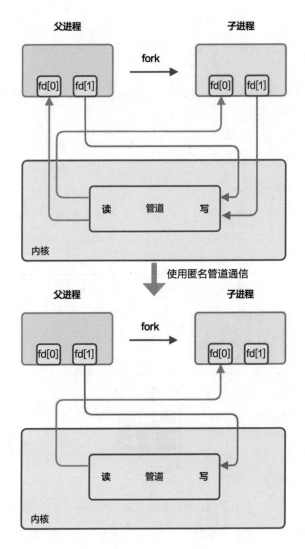

"老大，这匿名管道是单向的，咱们要通信，得弄两个管道才行，一个你写我读，一个我写你读。"

"看起来挺靠谱，就这么干！"二人达成了一致。

胖子程序率先运行起来，随后创建了两个管道，一个用来发送消息，一个用来接收消息。接着执行fork，将瘦子程序也运行了起来。

时间过得很快，转眼已是深夜，随着计算机被关掉，两个家伙的进程也都退出了。

半夜无人之际，硬盘中这两个家伙开始吵起来了。

"你是怎么回事？我给你发消息怎么也不回，害得我一连发了一堆消息，最后把管道塞满了，我都阻塞了！"胖子程序气愤地说道。

"嗨！别提了，主人给我写的程序有bug，今天运行的时候不小心崩溃了，等我再次起来时，发现管道不见了，什么情况啊？"瘦子程序说完叹了一口气。

"那肯定不行，这匿名管道需要有亲缘关系的进程继承后才能通信，你用别的方式运行起来，肯定看不到我创建的管道啊！"

"这匿名管道用起来太麻烦了，看看还有没有别的通信方式。"

胖子程序又掏出了手册，翻了起来。

5.3.4　消息队列

"有了有了，这里还写了两种方式：命名管道、消息队列。"胖子程序说道。

"命名管道？跟匿名管道有什么区别吗？"

"命名管道有名字，有了名字就不会限制要有亲缘关系的进程才能通信了，只要使用这个名字，都能打开管道通信，这下你就算挂了重启也能和我联系上了。"

"那消息队列又是什么？"

"呃，让我看一下。"

"给我也看看。"瘦子程序凑了上去，一起看了起来。

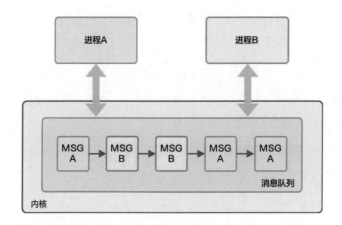

过了一会儿，瘦子程序说道："我看明白了，这个消息队列是内核中的一个消息链表，按照消息块组织，比管道全是二进制数据流堆积在一起好用多了。"

"有道理，而且这消息还可以指定类型，这样咱俩就不用弄两个管道，弄一个消息队列就行了，咱俩使用不同的消息类型，可省了不少事啊！"

"那咱们就用消息队列吧，别用什么管道了。"

"好，就这么干！"

两个家伙一拍即合，准备第二天再大干一场。

第二天，计算机启动后，他们又偷偷地运行了起来。

这一次用上了消息队列，联络起来方便了不少。

5.3.5 共享内存

不知过了多久，那瘦子进程（瘦子现在运行起来了，所以改叫进程）总算来信儿了，胖子进程从消息队列中取出一看，只见上面写着：

"老大，我拿到数据了，需要你来处理一下，不过这数据体量有点大，用管道和消息队列传输效率都太低，有无办法快速把数据传送给你，盼速回。"

胖子进程心里一阵欢喜，数据拿到了，总算可以回去交差了。不过怎样才能快速把数据传送过来呢，心里又犯起了嘀咕。

此时，胖子进程又一次拿出手册，翻到最后一页，发现一个叫"共享内存"的东西，仿佛像抓住了救命稻草一般，仔细研究了起来。

片刻之后，胖子进程的脸上露出了笑容，随后写下了一条消息给瘦子进程发送过去。

这会儿瘦子进程正在焦急等待消息，收到老大的回信后，赶紧取出来看：

二弟，主人的手册中提到，可以使用共享内存进行进程间通信。

我准备了几个内存页面，你将它们映射到你的进程地址空间，咱们就能共享这一片内存，你写的数据我能立即看到，我写的你也能立即看到，虽然咱们各自读写的地址不同，但实际上访问的是同一片物理内存页面，比管道和消息队列效率高多了！

不过为了防止咱们一起读写发生冲突，需要配合信号量一起使用，用它来实现进程间同步。

具体的使用方法如下：

……

……

盼速回！

瘦子进程看完，心中大喜！赶紧通过消息队列发了一封回信。

随后，通过老大交代的方法开始操作起来，打开共享、映射挂载一气呵成。再接着，将数据一股脑儿写到共享的内存页面中。

大功告成之后，便退出了进程，按照计划准备撤退，却不见胖子的踪影，既无进程也无文件。

"这家伙难道抛下我一个人跑了？"

正想着，突然"嗡"的一声，瘦子的程序文件也没了。

却看那文件目录之下，只留了一卷《Linux进程间通信手册》……

5.4　高性能基础：I/O多路复用

我是一个Web服务进程，通过80端口向人类提供网页浏览服务。

我每天的工作就是启动后绑定端口，然后不断监听客户端的连接，为他们服务。

```
# 伪代码
void work() {
  s = socket(TCP);
  bind(s, port=80);
  listen(s);
  while (1) {
    int client = accept(s);
    data = recv(client);
    print("received:" + data);
    send(client, "hello");
```

```
      close(client);
    }
  }
```

一开始我的客户还比较少，一整天也没有几个人来连接，这样做倒是没问题。

后来连接我的人开始多了起来，我发现在recv的时候可能会阻塞，如果对方连上来却不给我发消息，我就会一直卡在那里，没办法为别人服务。

为了解决这个问题，我决定为每一个客户单独开启一个线程来为他们服务。

```
# 伪代码
void process_client_thread(int client) {
  data = recv(client);
  print("received:" + data);
  send(client, "hello");
  close(client);
}

void work() {
  s = socket(TCP);
  bind(s, port=80);
  listen(s);
  while (1) {
    int client = accept(s);
    create_thread(process_client_thread, client);
  }
}
```

这样一来，我的主线程只用专心接待新客户，新客户一来就去子线程里为他服务，随便怎么阻塞也不用担心了！

5.4.1 select模型

我的业务非常出色，知道我的人越来越多，我每天接待的客户量也越来越大，创建的线程越来越多，我开始有些吃不消了。

有一天，隔壁的Redis告诉我："有个叫I/O多路复用的技术，可以同时监听所有客户，根本不需要那么多线程。"

我一听就来了兴趣，连忙问道："有这种好事？说来听听。"

Redis告诉我："有个叫select的函数，你把文件描述符批量传给他，平时他阻塞在那里，只要其中一个有消息来，他就会返回！你这个时候再去检查谁来了消息，并去处理就行了。"

"它是怎么办到的？"我有些好奇。

"它会遍历所有的文件描述符，把你挂入与这些文件描述符相关联设备的等待队列，然后交出执行权进入阻塞，等后面这些设备来了消息，就会通过回调函数通知你，把你唤醒。"

在Redis的帮助下，我用上了select模型之后，改成了这样：

```
# 伪代码
void work() {
  s = socket(TCP);
  bind(s, port=80);
  listen(s);
  fd_set all_fd;
  add(s, all_fd);
  while (1) {
    int res = select(all_fd);
    for (fd : all_set) {
      if (fd == s) {
        int client = accept(s);
        add(client, all_fd);
      } else {
        data = recv(fd);
        print("received:" + data);
        send(client, "hello");
      }
    }
  }
}
```

这个select真是个好东西啊，我不用再为每一个客户创建线程，然后傻等着它给我发送消息。现在只需把所有连上来的客户放到列表中，然后告诉select函数，让他去帮我监听，没有消息的时候，就阻塞在这里，而只要他们其中有一个有消息来，select函数就会返回，我再去处理就行了，简直太方便了。

除了让select帮我监听已经连上来的客户，我还可以把监听新连接的套接字描述符也加入进去，让select一并监听，不用担心错过新的客户了。

用上这个叫select的多路复用技术之后，我的工作效率直线飙升，现在，我都能同时处理一百多个连接了！真棒！

在我效率提升的同时，我的客户数量也在噌噌上涨，现在除了深夜，人类都去睡觉了，其他时间我都忙个不停。

5.4.2 poll模型

直到有一天，select函数给我报了一个错：Bad file descriptor！我意识到情况不妙。

我把遇到的问题告诉了Redis，他竟然告诉我select的底层是使用位图数组来存储要管理的文件描述符的，所以容量有上限，最多只能同时处理1024个文件描述符。有这种问题居然不早告诉我！

我的客户越来越多，1024个文件描述符已经完全不够用了，必须寻找新的方案。

Redis又告诉我："你要不要试试poll模型，它不像select使用位图数组，而是使用链表来存储，所以可以容纳更多的文件描述符哦。"

"这一回不会还有什么新的限制没告诉我吧？"我问道。

"没有没有，你放心使用。"

说干就干，很快我就换上了新的poll模型，总算解决了我的问题，现在我能同时处理上千个甚至几千个连接了。

5.4.3 epoll模型

但客户增长的速度还是超出了我的想象，我的客户越来越多，高峰的时候甚至都能破万，即便使用了poll模型，我感觉还是很慢。

这天晚上，网络出了问题，我拥有了难得的休息时间，就又找到Redis，想让他帮我出出主意。

"老哥，这select和poll都很慢啊，怎么办？"

Redis笑了笑，好像一点儿也不意外的样子说道："那你觉得它们慢在哪里？"

我想了想，告诉他："这两个函数每次返回后都不告诉我具体是哪一个文件描述符有消息来了，我得挨个轮询遍历，耽搁了不少时间，要是能直接告诉我哪些文件描述符有事件发生就好了，我就不用轮询了。"

"嗯，说得不错，还有吗？"

我摇了摇头。

"其实，造成他们很慢的原因还有一个，每次调用他们，都会把文件描述符列表从用户态地址空间拷贝到内核中，如果同时处理的客户比较多，这样经常拷贝也会影响性能啊。"Redis说道。

我点了点头："有道理，要是可以不用每次都拷贝，只用增减就好了。"

Redis笑了，问道："你是不是想不用轮询，直接告诉你哪些文件描述符来了消息？"

"是啊，没错。"

"你是不是想不用每次都拷贝文件描述符？"

"是的，没错。"

"其实还有一种多路复用模型，可以完美地满足你的需求。"Redis得意地说道。

我一听眼睛都亮了，看来我的问题有希望了，赶紧说道："别卖关子了，快告诉我。"

"它叫epoll！"

"epoll？extend poll？升级版的poll？"

"不对，是event poll。"

"管它叫啥呢，快给我说说，它是怎么做的？"

Redis告诉我，这个叫epoll的多路复用模型，不需要每次拷贝全部的数据，只需增减就行，因为内部采用红黑树来管理要监听的文件描述符，所以查找起来特别快。不仅如此，它内部还用双向链表管理了一个队列，所有就绪的文件描述符都会进入这个队列，后面只需处理这个队列就可以了，不用遍历所有的文件描述符，节省了一大把时间。

很快我又一次升级，换上了新的epoll模型，性能猛增，现在我都能同时处理几万个网络连接了，这在以前简直不敢想。

5.5 像访问内存一样读写文件

今天，Linux帝国的文件管理部门来了一个新人：阿飞。

阿飞的工作是负责读取硬盘上文件的数据，跟他搭档的是负责写入数据的小码，两人一读一写，为应用程序们提供文件读写服务。

5.5.1 传统文件读写

新来的阿飞显然没什么经验，一开始就闹了不少笑话。

不过好在小码干这活已经很久了，给阿飞传授了不少经验：

"咱们操作系统读取硬盘数据都是以块为单位进行的，在咱们这台计算机上，一个块的大小是4KB，你不要一个字节一个字节地读，让人笑话。"

"文件虽然有那么大，但它们基本上都分散在硬盘的不同地方，不过你不用操心这些细节，文件系统记录了它们的位置，你只需告诉下面的文件系统驱动程序要读取的数据在文件中的偏移和长度，他们会自动帮你处理好的。"

在小码的帮助下，阿飞很快适应了这里的环境。

渐渐地，他发现这份工作还挺轻松，每次收到文件读取请求后，做一些转换处理，就交给文件系统驱动部门去处理，让他们去找硬盘要数据。

因为硬盘那家伙是机械式的，读写速度比起内存条可差远了，一般都要等很久才能拿到数据，所以在等待期间还可以"划水摸鱼"。

"咱们这里一直都这样，没什么奇怪的，不是我不想提升工作效率，实在是硬盘太慢了。"一旁的小码告诉他。

阿飞倒是觉得这样实在浪费时间，便提了一个主意："虽然硬盘快不了，但咱们可以加缓存啊！"

"缓存？那是什么东西？"小码一听来了兴趣。

"我是听我的好朋友阿Q说的，他们CPU嫌弃内存读写数据太慢，就在他们内部加了存储电路，把内存中的数据读取到这些存储电路中保存起来，后面再读取的时候，就先去这里找，找不到再去内存读取，这个存储电路就是缓存。"阿飞说道。

小码听完眼前一亮，问道："你是说，咱们也可以依葫芦画瓢，把文件的数据缓存到内存里来？"

"没错！我估计能节省不少时间，反正现在这样干等着，不如做点什么。"

两人一拍即合，开始谋划起具体的方案来。

没过多久，方案就落地了，他们给每一个要读取的文件建立了一个数据结构，里面记录了已经缓存的文件数据块信息，从硬盘读过来的数据就缓存到内存，并记录到这个数据结构中。

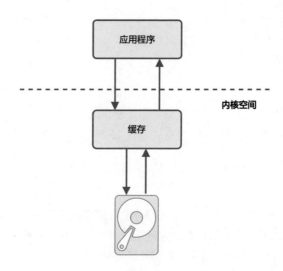

以后读取文件的时候，先通过这个数据结构去查询，查到了就直接拷贝给应用程序，查不到再去找硬盘要。

你还别说，CPU的局部性原理在这里也同样适用，就这一个改动，性能提升相当明显，不用每次都找硬盘要数据了。

不过加了一个缓存也带来了一些新的问题，小码在写文件的时候，是先写到缓存页的，并不会立即同步到硬盘上的文件中，要是这个时候突然断电了，那缓存的数据可就丢掉了。

后来他们又提供了一个叫fsync的函数，只要调用他，就会马上进行同步，写入硬盘。

5.5.2　内存映射文件

这天，阿飞拉住小码说道：“不知道你发现了没有，现在读取文件的时候，会拷贝两次数据。”

“两次？”小码有些不解。

“对，第一次，把硬盘上的数据拷贝到我们准备的内核缓存页中。第二次，把缓存页中的数据拷贝到应用程序准备的缓冲区中。这不就是两次吗？”

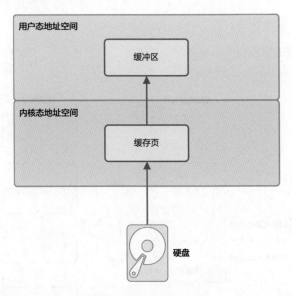

“你这么一说还真是，我写数据的时候也会写两次，先把应用程序缓冲区的数据拷贝到缓存页，再把缓存页的数据拷贝到硬盘上。”

“这样拷来拷去地也麻烦啊，而且同样一份数据，在内存里面存了两份，实在是有点浪费空间，读写文件能不能再简单一点儿呢？"阿飞紧锁着眉头，认真思考着。

可思来想去，也没想到什么更好的办法，只能作罢，直到有一天……

这天，阿飞如往常一般，正准备把缓存页中刚刚从硬盘读取过来的数据拷贝到应用程序的缓冲区，一个念头突然在脑中闪现：能不能直接就让应用程序来访问这个缓存页呢？

阿飞赶紧忙完手头的工作找到小码来商量这个想法。

没想到小码当即泼了他一盆冷水："不行不行，这些个缓存页都在我们内核态地址空间，应用程序没有访问权限，你这个想法根本行不通。"

"那有没有办法给这些页面单独开访问权限呢？"阿飞不肯放弃。

"你别想了，那怎么可能？"

阿飞叹了口气，刚才的兴奋劲儿一下全无。

"唉，你这个问题倒是提醒我了，还真有办法！"小码突然说道。

阿飞一听又兴奋了起来："快说快说，什么办法？"

"虽然内核空间的地址应用程序没办法访问，但可以把这个内存页换一个他们可以访问的地址啊！"小码说道。

"什么意思？没太明白！"

"就是把文件的数据缓存页映射到进程的用户态地址空间，这样用户态地址空间的缓冲区和我们的缓存页实际上映射的是同一个物理内存页！"

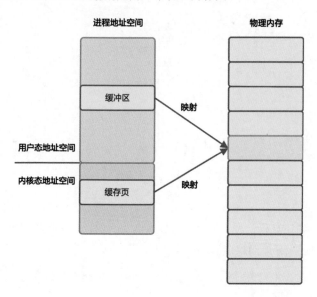

"好办法啊！我现在有一个大胆的想法。"阿飞激动地说道。

小码一听也来了兴趣，问道："什么大胆的想法，你打算怎么做？"

"我想，可以把整个文件或者文件的一部分直接映射到应用程序的地址空间！"

"把文件映射进来？什么意思？"小码有些疑惑。

阿飞继续说道："没错。在进程的地址空间划出一块区域和文件内容建立映射关系。等到应用程序访问这部分区域的时候，会发生缺页错误中断，这时，我们把数据从硬盘读到缓存页里面，再把缓存页和进程中发生缺页中断的页面关联起来！对应用程序来说没有感觉，如此一来，不用再使用read、write、fseek这样麻烦地读写文件了，就像访问内存一般方便！"

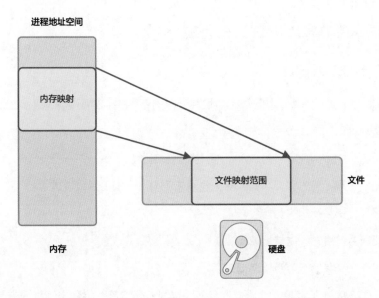

"妙啊，妙啊，果然是个大胆的想法，这样可比之前的读写文件快多了！"小码听完赞叹不已。

两人很快就开始着手推动这项技术落地，他们搞了一个新的API出来：

```
void* mmap(
  void* start,
  size_t length,
  int prot,
  int flags,
  int fd,
  off_t offset
  );
```

通过这个函数，就能把文件映射到内存，操作起来不仅比以前方便多了，还减少了内存拷贝，节省了内存页面，一经推出就受到了欢迎。

他们还给这项技术起了一个名字：内存映射文件。

5.6 线程里的多个执行流：协程

"久闻Java语言跨平台，框架众多，不过二十年工夫，就已晋升为天下第一编程语言，今日一见，果然名不虚传呐！"

"使者先生您过奖了，咱们快些走，国王陛下已经等候多时了。"

今日，Java帝国朝堂之上迎来了一位神秘的来宾。

5.6.1 线程阻塞问题

来到大殿之上，只见国王正襟危坐，闭目养神，不怒自威，堂下群臣咸集，纷纷侧目。

"来者何人？"国王一旁的内侍问道。

"我乃Golang帝国使者——Goroutine。"使者答道。

"Golang帝国？何方番邦小国？寡人竟从未听闻。"国王闭眼说道。

说罢，群臣皆笑了起来。

"来此所为何事？"内侍继续问道。

使者回答："我此行特为传道而来。"

说完，国王睁开了眼睛："传道？我Java帝国乃天下第一编程帝国，只有我们传出去，哪有学别人的道理？"

使者不卑不亢，说道："Java帝国虽如日中天，但却有一处缺陷，假以时日，必成大患。"

"哦，你倒是说说看，如若言语不通，即刻轰出殿去。"国王厉声喝道。

"敢问陛下，Java线程执行到阻塞函数时，该当如何？"使者问道。

一旁的线程大臣见状，上前说道："遇到阻塞自然要被操作系统挂起，切换到别的线程。"

"敢问大人，线程切换是否需要成本？如果大量线程频繁切换，成本又当如何？"使者追问道。

"你若关心这个问题，那就不用阻塞函数，通过异步回调来进行。"线程大臣答道。

使者嘴角上扬，微微一笑："好一个异步回调！异步回调确实不用阻塞，不过它有两宗罪，其一，割裂了原来的代码业务逻辑；其二，陷入回调地狱难以维护。"

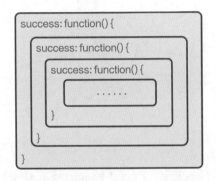

"这也不行，那也不行，你这人还真难伺候。"线程大臣有些急了。

使者面向国王说道："启禀陛下，我有一法，可让线程执行函数遇到阻塞后不需切换线程，也不用异步回调，还可以继续运行下去，是高并发开发神技。"

国王一听来了兴趣："哦？还有这种事？说来听听。"

使者拜了一拜，说道："线程可以在执行函数遇到阻塞后，保存执行的上下文，转而执行别处的代码。待阻塞的请求完成后，再回去继续执行。"

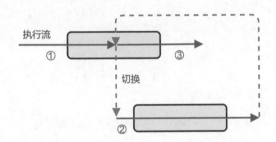

国王不解，问道："什么叫转而执行别处的代码？什么叫回去继续执行？这函数执行到一半还能中途退出再回来？"

"是的，没错！"使者回答。

此话一出，朝堂上议论纷纷，群臣都露出了鄙夷的笑容。

"简直荒谬！函数执行从进入到退出，从来都是一气呵成，哪有中途执行一半退出，再回来接着执行的道理？简直闻所未闻！"一旁的线程大臣说道。

使者继续说道："一气呵成？恐怕不是吧？线程执行函数的过程中，遇到时间片用完或者I/O阻塞，就会被操作系统保存上下文后挂起，切换到其他线程。而后等到机会再回过头去继续执行，不是吗？"

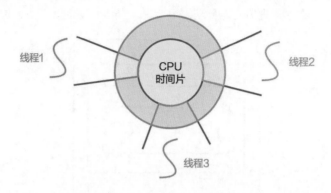

线程大臣怒斥道："强词夺理！你说的这种情况是操作系统在调度管理多个线程，对咱们的应用层线程来说都是透明的，无须关心。"

使者没有退让，却问道："既然操作系统可以调度管理多个线程，那为何线程不可以调度管理函数的执行？"

群臣再次交头接耳，议论起来。

"陛下，此番邦使者妖言惑众，微臣建议即刻逐出大殿，以正视听！"

国王应允，随即遣人上前。

不待侍卫上前，使者自行离去，边走边说道："可叹！堂堂Java帝国，却容不下一个新技术。"

5.6.2 多个执行流的"调度"

使者心灰意冷，打算离开Java帝国，却在半道被人拦了下来。

"先生请留步，我家主人请先生府上相会。"

使者来到府上，原来主人乃当地一富豪乡绅。

"先生今日在朝堂之事，我已听说，在下对先生提到的函数执行过程中可中断和恢复的技术颇有兴趣，还请先生不吝赐教。"主人说完拜了一拜。

"赐教不敢当，我此次来Java帝国，所传之道名叫协程，是一种高并发开发的绝技，可无奈贵国国君与大臣皆不识货，无功而返，可惜啊，可惜！"使者叹息道。

"协程？这是何物？我只听说过进程和线程，却从未听过协程。"

使者起身说道："线程是操作系统抽象出来的执行流，由操作系统统一调度管理。那么在一个线程中，同样可以抽象出多个执行流，由线程来统一调度管理。这线程之上抽象的执行流就是协程。"

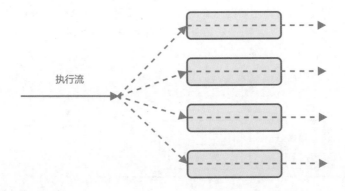

主人有些不解，问道："一个线程怎么会有多个执行流呢？"

"这便是我今日在朝堂上说的，线程执行函数遇到阻塞后，可以保存执行的上下文后退出，转而执行别处的代码，这里就从一个执行流转向了另外的执行流。"使者解释道。

主人拍案而起："原来是这个意思，妙哉，妙哉！不过，这线程是操作系统在调度管理，那线程里抽象出来的执行流，也就是协程，该怎么调度管理呢？操作系统可以通过时钟中断和系统调用进入内核来剥夺线程的执行权，那线程该如何剥夺协程的执行权来实现调度管理呢？"

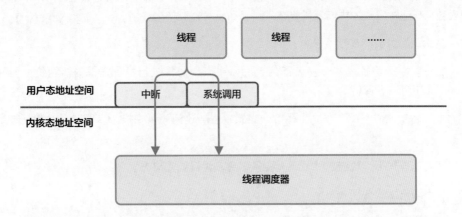

"真是个好问题！线程的调度由操作系统来管理，是抢占式调度。而协程不同，协程需要互相配合，主动交出执行权，这也是协程的名字——协作式程序的来历。"

"主动交出执行权？如何办到？"主人追问。

"办法有很多，比如C++帝国有一个协程框架，名叫libco，他通过HOOK（钩子技术，一种程序流劫持的编程技术）关键的系统函数来实现调度器的介入。"

"那你们Golang是怎么做的，也是这样吗？"

"我们Golang帝国可不一样，我们先天就被设计为支持协程，系统调用都被我们封装好了，应用程序调用时遇到需要阻塞的，像文件读写Read/Write、Sleep，我们的协程调度器就能有机会介入，去执行调度管理了。"使者得意地说道。

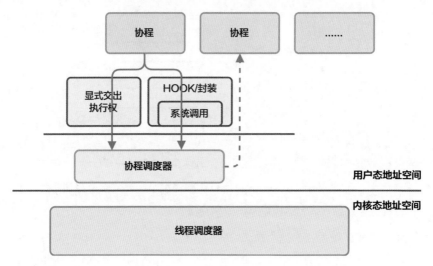

主人思考片刻，问道："那我们Java该如何实现呢，还请先生赐教。"

"你们Java语言，是通过JVM来执行的，字节码的执行都在JVM的掌控之中，要想实现对应用代码执行流的中断和恢复还不是易如反掌？"使者说道。

主人点了点头，若有所思。

随后，主人与使者进一步就如何在Java中实现协程进行了深入探讨。两位交谈甚欢，不知不觉已近黄昏。

主人起身说道："今蒙先生赐教，大慰平生。还请先生在府上多留时日，我好细细请教。"

使者连连挥手，说道："我还有要事在身，明日就要离去。"

"不知先生欲往何处？"

"听说C++帝国又要发布新版本，我打算前往传道。"

主人面露疑惑："C++帝国不是有libco了吗？"

"libco终究不是朝廷之物，此番前去，希望可以让协程纳入新的官方标准。"

翌日清晨，使者拜别主人，策马离去。

不久，Java帝国朝堂上传来消息，民间有人推出了协程框架——Quasar，一时朝野震动。

5.7　调试器是如何工作的

我叫GDB，是一个调试器，程序员通过我可以调试他们编写的程序，分析其中的bug。

作为一个调试器，调试分析是我的看家本领，像是给目标进程设置断点，或者让它单步执行，又或是查看进程中的变量、内存数据、CPU的寄存等操作，我都手到擒来。

你只要输入对应的命令，我就能帮助你调试你的程序。

我之所以有这些本事，都要归功于一个强大的系统函数，它的名字叫ptrace。

```
long ptrace(
    enum __ptrace_request request,
    pid_t pid,
    void *addr,
    void *data
    );
```

不管是开始调试进程，还是下断点、读写进程数据、读写寄存器，我都是通过这个函数来进行的，要是没了它，我可就废了。

它的第一个参数是一个枚举型的变量，表示要执行的操作，我支持的调试命令很多都是靠它来实现的：

名称	值	说明
PTRACE_TRACEME	0	用于追踪当前进程，即将当前进程设置为被跟踪进程，通常在子进程中使用
PTRACE_PEEKTEXT	1	用于读取被跟踪进程的代码段内存数据，可以读取指定地址处的一个字长的数据
PTRACE_PEEKDATA	2	用于读取被跟踪进程的数据段内存数据，可以读取指定地址处的一个字长的数据。目前Linux并未将数据段地址空间和代码段地址空间分离，实际上和上面的PTRACE_PEEKTEXT作用等效
PTRACE_PEEKUSR	3	用于读取被跟踪进程的USER区域数据
PTRACE_POKETEXT	4	用于向被跟踪进程的代码段写入数据，可以写入一个字长的数据
PTRACE_POKEDATA	5	用于向被跟踪进程的数据段写入数据，可以写入一个字长的数据。和读取数据类似，它和PTRACE_POKETEXT在目前的Linux系统中也是等效的
PTRACE_POKEUSR	6	用于向被跟踪进程的USER区域写入数据
PTRACE_CONT	7	用于让被跟踪进程继续执行，通常用于从断点处继续执行
PTRACE_KILL	8	用于杀死被跟踪进程，通常用于结束调试
PTRACE_SINGLESTEP	9	用于让被跟踪进程执行一条指令，通常用于单步调试
PTRACE_GETREGS	12	用于读取被跟踪进程的通用寄存器的值
PTRACE_SETREGS	13	用于设置被跟踪进程的通用寄存器的值
PTRACE_GETFPREGS	14	用于读取被跟踪进程的浮点寄存器的值
PTRACE_SETFPREGS	15	用于设置被跟踪进程的浮点寄存器的值
PTRACE_ATTACH	16	用于附加到一个已经存在的进程上，将当前进程附加到指定进程上，从而可以对其进行调试
PTRACE_DETACH	17	用于从被跟踪进程中分离出来，即结束对被跟踪进程的调试
PTRACE_SYSCALL	24	用于让被跟踪进程执行一次系统调用，通常用于单步调试系统调用
PTRACE_GETSIGINFO	0x4202	用于读取被跟踪进程的信号信息，可以读取被跟踪进程当前的信号信息
PTRACE_SETSIGINFO	0x4203	用于设置被跟踪进程的信号信息，可以设置被跟踪进程当前的信号信息

你可以通过我来启动一个新的进程调试，我会使用fork函数创建一个新的子进程，然后在子进程中通过execve来执行你指定的程序。

不过在执行你的程序之前，我会在子进程中调用ptrace函数，然后指定第一个参数为PTRACE_TRACEME，这样一来，我就能监控子进程中发生的事情了，也才能对你指定的程序进行调试。

你也可以让我调试一个已经运行的进程分析，这样的话，我直接调用ptrace函数，并且指定第一个参数为PTRACE_ATTACH就可以了，然后我就会变成那个进程的父进程。

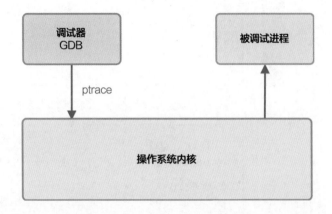

具体要选择哪种方式来调试，就看你的需要了。不过不管哪种方式，最终我都会"接管"被调试的进程，它里面发生的各种信号事件都将通知我，方便我对它进行调试操作。

5.7.1　软件断点

作为一个调试器，最常用的功能就是给程序设置断点。你可以通过break命令告诉我，要在程序的哪个位置添加断点。

当我收到你的命令之后，会偷偷把被调试进程中那个位置的指令修改为0xCC，这是一条特殊指令的CPU机器码——int 3，是x86架构CPU专门用来支持调试的指令。

我的这个修改是偷偷进行的，你如果通过我来查看被调试进程的内存数据，或者在反汇编窗口查看那里的指令，会发现和之前一样，这其实是我使的障眼法，让数据看起来还是原来的数据，实际上已经被我修改过了，你要是不信，可以另外写个程序来查看那里的数据内容，看看我说的是不是真的。

一旦被调试的进程运行到那个位置，CPU执行这条特殊的指令时，会陷入内核态，然后取出中断描述符表IDT的3号表项中的处理函数来执行。

IDT中的内容，操作系统一启动就安排好了，所以系统内核会拿到CPU的执行权，随后内核会发送一个SIGTRAP信号给被调试的进程。

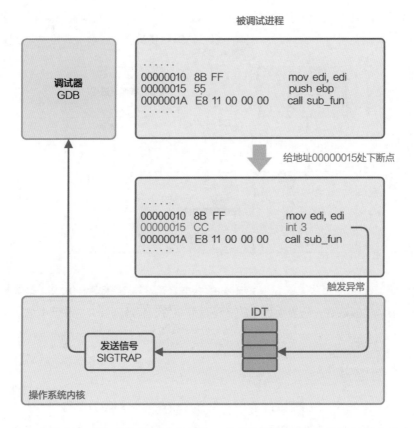

而因为我的存在，这个信号会被我截获，我收到以后会检查是不是程序员之前设置的断点，如果是的话，就会显示断点触发了，然后等待程序员的下一步指示。

在没有下一步指示之前，被调试的进程都不会进入就绪队列被调度执行。

直到你使用continue命令告诉我继续运行，我再偷偷把替换成int 3的指令恢复，然后我再次调用ptrace函数告诉操作系统让它继续运行。

这就是我给程序设置断点的秘密。

不知道你有没有发现一个问题，当我把替换的指令恢复后让它继续运行，以后就再也不会中断在这里了，可程序员并没有撤销这个断点，而是希望每次执行到这里都能中断，这可怎么办呢？

我有一个非常巧妙的办法，就是让它单步执行，只执行一条指令，然后又会中断到我这里，但这时候我并不会通知程序员，而仅仅是在刚才那个位置重新下一个断点（替换指令），然后就继续运行。这一切都发生得神不知鬼不觉，程序员根本察觉不到。

5.7.2　单步调试

说到单步执行，应该算程序员调试程序的时候除设置断点之外最常见的操作了，每一次只让被调试的进程运行一条指令，这样方便跟踪排查问题。

你可能很好奇我是如何让它单步执行的。

单步执行的实现可比设置断点简单多了，我不用去修改被调试进程内存中的指令，只需调用ptrace函数，传递一个PTRACE_SINGLESTEP参数就行了，操作系统会自动把它设置为单步执行的模式。

我也很好奇操作系统是怎么办到的，就去打听了一下。

原来x86架构CPU有一个标志寄存器，名叫eflags，它里面不只包含了程序运行的一些状态，还有一些工作模式的设定。

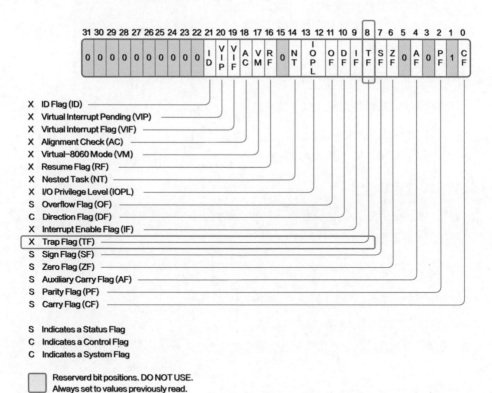

其中就有一个TF标记，用来告诉CPU进入单步执行模式，只要把这个标记设置为1，CPU每执行一条指令，就会触发一次调试异常，调试异常的向量号是1，所以触发的时候，都会取出IDT的1号表项中的处理函数来执行。

接下来的事情就和命中断点差不多了，我会截获到内核发给被调试进程的SIGTRAP信号，然后等待程序员的下一步指令。

如果你想继续进行单步调试，那我便继续重复这个过程。

如果你有源代码，还可以进行源代码级别的单步调试，不过这里的单步就指的是源代码中的一行了。

这种情况会稍微麻烦一点儿，我还要分析每一行代码对应的指令有哪些，然后用上面说的单步执行指令的方法，一条条指令快速过一遍，直到这一行代码对应的指令都执行完。

5.7.3　内存断点

有的时候，直接给程序中的代码设置断点并不能"包治百病"。比如程序员发现某个内存地址的内容总是莫名其妙被修改，想知道到底是哪个函数干的，这时候连地址都没有，根本没法设置断点。

单步执行也不行，那么多条指令，执行到猴年马月才能找到啊？

不用担心，我可以帮你解决这个烦恼。

你可以通过watch命令告诉我，让我监视被调试进程中某个内存地址的数据变化，一旦发现被修改，我都会把它停下来报告给你。

猜猜我是如何做到的呢？

我可以用单步执行的方式，每执行一步，就检查一下内容有没有被修改，一旦发现修改就停下来通知你。

不过这种方式实在是太麻烦了，会严重拖垮被调试进程的性能。

好在x86架构的CPU提供了硬件断点的能力，帮我解决了大问题。

在x86架构CPU内置了一组调试寄存器，从DR0到DR7，总共8个。在DR0~DR3中设置要监控的内存地址，然后在DR7中设置要监控的模式，是读还是写，剩下的交给CPU就好了。

CPU执行的时候，一旦发现有符合调试寄存器中设置的情况发生，就会产生调试异常，然后取出IDT的1号表项中的处理函数来执行，接下来的事情就和单步调试产生的异常差不多了。

CPU内部依靠硬件电路来完成监控，可比我们软件一条一条地检查快多了！

现在，你不止可以使用watch命令来监控内存是否被修改，还可以使用rwatch、awatch命令来告诉我去监控内存是否被读或者被写。

我叫GDB，是你调试程序的好伙伴，现在你该知道我是如何工作的了吧！

5.8 可执行文件ELF

哐当一声，编译器把我丢到了一个文件夹下，扬长而去。

我叫a.out，几秒钟之前，一个叫GCC的编译器创建了我，往我的身体里塞满了指令和数据，把我变成了一个可以执行的程序文件。

突然，有人打开了文件夹，闯了进来。

"你就是a.out吧，起来跟我走一趟。"那人冷冷地说道。

我小心地站了起来，看到了他工牌上写着："函数：do_execve_commron"。

"你是？"我小心地问道。

"我是负责启动可执行文件的函数，刚刚有程序调用了fork函数创建了子进程，随后子进程又调用了execve启动程序文件，现在调用链条来到我这里了，你就是要启动的程序文件，快跟我走吧！"这家伙有些不耐烦地催促道。

"这么晚了，到底是谁在创建子进程啊？"

"刚看到你的父进程是GDB，那是一个调试器，估计是程序员准备调试你。"

不知道是哪个倒霉的程序员，这么晚还在debug，我屁股还没坐热，就又让我起来。

5.8.1 格式识别

我跟着那人来到了一个宽敞明亮的地方，这里到处都是各种仪器设备。

在他的指引下，我站到了一个高台上，聚光灯都打到了我身上，我开始紧张起来。

这时，另一个工作人员向我走来，工牌上写着："函数：prepare_binprm"。

他对着我一阵扫描，读取了我的文件头部的128字节数据，放在内存中的一个缓冲区里。

随后，又来了一个工作人员：工牌上写着"函数：search_binary_handler"。

只见他来到一个链表面前，不知道在操作着什么，我远远望去，那链表大约有七八个节点。

"他在干吗？"我问之前的do_execve_commron。

"他在链表中寻找能够处理你的模块，那是一个由可执行文件处理节点组成的链表，链表中的每一个节点都代表了一种可执行文件的处理模块。"

"我看那个链表里有好多个节点，这里还支持多种可执行文件格式吗？"

"那当然，有好几种呢，不过最常见的还是ELF和脚本。"

格式	linux_binfmt定义	加载函数
a.out	aout_format	load_aout_binary
flat style executables	flat_format	load_flat_binary
script脚本	script_format	load_script
misc_format	misc_format	load_misc_binary
em86	em86_format	load_em86
elf_fdpic	elf_fdpic_format	load_elf_fdpic_binary
elf	elf_format	load_elf_binary

"那他怎么知道该选择哪个模块来加载我呢？"

"模块的加载函数会检测文件格式，刚刚读取了你的文件头部的128字节，就是用来做格式识别的。"

正说着，门外走进来一个新的工作人员：工牌上写着"函数：load_script"。

看样子，这就是脚本类型程序的加载函数了，难道我是一个脚本程序？

只见他来到我所在的高台旁，摆弄着旁边的仪器，对着内存中刚刚保存的文件头部数据，开始操作起来。

"文件开头不是#!，不是脚本文件。"说完，他失望地离开了。

他刚离开，search_binary_handler继续摆弄着链表，随后又一个叫"函数：load_elf_binary"的工作人员走了进来，和之前那位一样，开始解析我在内存中的文件头部数据。

"文件头：\177ELF，检查通过。

"文件类型：ET_EXEC，可执行文件，检查通过。

"程序入口地址：0x400450。

"看来你是个ELF可执行文件啊。"

他嘴里一直念叨着什么。

"你在说什么，我怎么听不懂？"我忍不住好奇地问道。

"刚刚我在解析你的文件头部数据，这里面包含了你的文件类型、入口地址等重要的信息。"这家伙说道。

从他的口中我才得知，原来我是一个ELF文件。

5.8.2　ELF文件格式

"接下来我要加载你的程序头表了。"说完操作仪器，继续把我的其他数据读取到内存中。

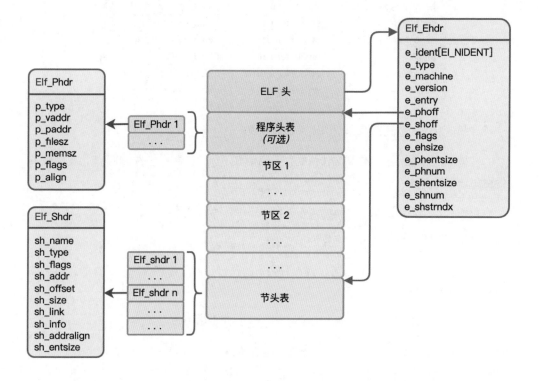

我又好奇起来，问道："什么是程序头表？"

"程序头表是一个结构数组，里面的每一个结构都记录一个段（segment）的信息。"

"段又是什么？"

"段指的是进程地址空间中的一块区域，它可能由一个节（section）或者多个节构成。"

"节又是什么？"我继续问道。

"ELF文件的数据都是存放在各个节里面的，不同的节存放不同的数据，有些存放静态数据，有些存放代码指令，还有些存放调试信息，等等。"

常用的节名	说明
.rodata	存放程序的只读数据，如字符串常量等
.comment	存放程序的注释信息，通常是编译器和链接器的版本信息
.debug	存放的是符号调试相关的信息
.text	存放程序的代码段，通常是只读的
.data	存放程序的已初始化的全局变量和静态变量，通常是可读写的
.bss	存放程序的未初始化的全局变量和静态变量，通常是可读写的
.note	用于存储各种注释信息，如程序或库相关的版本、作者、许可证等信息
.strtab	包含字符串表，用于存储程序中用到的各种字符串
.symtab	存放程序的符号表，包含程序中定义和引用的符号信息
.shstrtab	存储了所有节名称字符串的节
.plt	函数跳转表，用于在程序运行时动态链接共享库中的函数
.got	全局偏移表，用于在程序运行时动态链接共享库中的全局变量

"怎么又是段又是节的，我都快被弄晕了！"

load_elf_binary一听笑了，说道："其实没那么复杂，节是ELF文件中组织数据的单位，是在链接时生成的，也叫链接视图。而段是执行时的概念，所以叫执行视图。它们只是从两个不同的维度来查看ELF格式的文件罢了。"

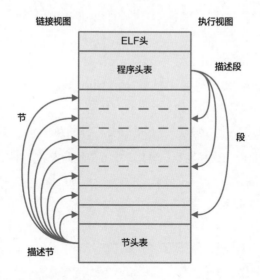

我点了点头，原来我们ELF文件长这个样子。

5.8.3 加载过程

这个叫load_elf_binary的家伙工作很细致，刚刚把程序头表读入内存后，又开始挨个检查起来。

"你在检查什么？"我问道。

"我在查看有没有解释器段。"

"解释器段？这是干啥的？"

"如果你引用了其他的动态链接库，就需要解释器来加载它们。如果你是静态编译，那就不需要。"这家伙刚说完，就找到了解释器段。

随后，他停下手头的工作，去加载这个叫解释器的文件了，我瞟了一眼他手里拿的名字：/lib64/ld-linux-x86-64.so.2。

他没过多久就又回来了，继续对我操作，再一次挨个检查我的程序头表。

"你这又在挨个检查什么？"

"我在检查是否有可执行栈。"

"可执行栈？"

"对，以前的黑客们总是搞一些栈溢出攻击，后来我们推出新的安全机制，把线程栈对应的内存页面标记为不可执行，就算黑客们成功把代码写入栈，也没有可执行的权限。"

"原来是这样，你是怎么检查的？"

"编译器在创建你的时候，程序头表里面有栈相关段的信息，其中就有是否可执行的标记。"

说话间，他手里的检查工作已经完成。

"现在，我要加载所有类型是PT_LOAD的段的内容到内存里来了，你别动啊。"说完，他继续操作仪器，把我的文件内容映射到内存空间。

我注意到了一个细节，他在加载一些段的时候，给映射的基地址加了一个随机的偏移。

"为什么要加一个随机偏移呢？"我又一次好奇地问道。

"你不知道，以前都是固定加载到一个位置，但这样黑客容易推算出一些数据和函数的内存地址，然后发起攻击。现在加一个随机偏移，他们就不好推算了。"他一边操作一边说道。

原来为了抵御黑客攻击，背后做了这么多工作。

"好了，我的工作马上就结束了，一会儿你就会被执行了。"

说完，他拿出一个地址，准备调用start_thread启动执行，我一看这不是我的入口地址啊。

"咦，这怎么不是我文件头部中记录的那个入口地址呢？"我赶紧问道。

"你忘了我说的解释器了吗？这是人家解释器程序的入口地址，等他加载完动态链接库，自然会来找你的。"这家伙说完便离开了。

没想到要运行起来，还有这么多流程，我一下瘫坐在一旁，没了力气。

第 6 章

计算机的攻击与安全防护

计算机的世界里并不是风平浪静的，也充满了各种风险和危机。

从计算机诞生的那一刻起，安全问题也就随之而来，从硬件到软件，从操作系统到应用软件，形形色色的攻击从未停歇。

这一章，我们用11个有趣的小故事，去揭开各种网络攻击的原理，让我们一起去计算机的世界经历一场冒险吧。

6.1　TCP序列号的秘密

Hi，我是小Q，我费了老大的劲儿终于考上了Linux帝国的公务员，被分配到网络部负责TCP连接。

上班第一天，主管就让我处理一个新的TCP连接练练手。虽然我理论背得滚瓜烂熟，不过还没有实际上手处理过TCP数据包，竟有些紧张。

接过这个请求连接的数据包后，我准备了一个响应包，将SYN标记和ACK标记都点亮后，接下来就犯了难。这个确认号ACK我倒是知道是对方的序列号+1，不过我回复的序列号应该是多少呢？

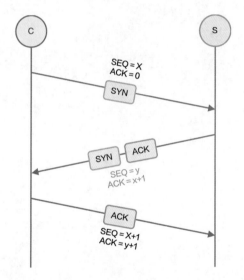

我闭上眼睛在脑子里飞快地检索RFC，很快想了起来，RFC793讲过，初始序列号ISN是一个计数器，每4ms加1。

我赶紧向一旁的小C求助："Hi，小C，初始序列号计数器在哪里啊？"

小C顺手指了一下墙上的一个钟表样式的东西："喏，那就是，它是一个全局统一的计数器，大家共用。"

我填好了序列号字段，正欲发送，小C叫住了我："等等，你打算就拿这个计数器直接当初始序列号发送出去啊？"

"这有什么不对吗？RFC793就是这样说的啊。"

"这都是多老的版本了，现在早就不这样了！直接用这个当序列号很危险。"

6.1.1　TCP初始化序列号是多少

我有些不好意思，接下来小C给我介绍了前因后果。

"原来，早先就是直接按照RFC793的要求来设计ISN的。后来出了一件事，有一个攻击者冒充客户端给服务器发送数据包，把别人正常的TCP连接给劫持了，窃取了机密的数据！你猜他是怎么办到的？"

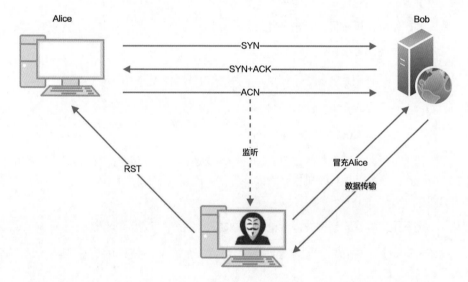

这可难不倒我，脱口而出："肯定是这家伙在半道上监听了网络通信，拿到了他们通信的序列号和确认号，然后就能伪造一方进行通信了。"

小C摇了摇头："才不是，这家伙不是中间人，没有监听通信哦。"

这下我倒是蒙了，皱起了眉头："不是中间人，那就没办法知道序列号了，不知道序列号的前提下，怎么能冒充呢？"

听到我的问题，小C会心一笑："这家伙太聪明了，在冒充之前，他先和服务器建立过连接，拿到了服务器的初始序列号。因为这个序列号是每4ms加1，所以后面掐着时间推算一下，就能算到后面建立连接的时候，服务器新的ISN是什么。"

我恍然大悟："这家伙真鸡贼，那看来这个ISN不能这样简单设定。"

"所以啊，我刚刚制止了你，现在RFC出了新规定1948号文件，规定ISN要这么算：

ISN = M + F(localhost, localport, remotehost, remoteport)

"M就是你刚刚看到的那个计数器，在此基础之上，还增加了一个F，把通信双方的IP和端口，也就是四元组信息做一个运算，得到一个值加在计数器之上，增加ISN的不可预测性。"

我点了点头问道："这个F一般用什么算法呢？"

"在咱们Linux帝国，之前用过MD4算法，后来升级成MD5算法了。"

"幸亏有你，要不是你，我就要犯错误了。"

小C拍拍我的肩，语重心长地说："你还要不停学习啊，考上帝国公务员只是第一步。"

"要学习的不只是他，你也是啊，不知道关于ISN又出新规定了吗？"

我俩一起回头，原来是主管走了过来。

"主管，是啥新规定啊？"小C问道。

"RFC出了一个新规定6528号文件，现在的ISN是这样计算的：

ISN = M + F(localip, localport, remoteip, remoteport, secretkey)"

"多了一个secretkey！"我一下发现了不同。

"没错！如果双方用同样的端口先后进行两次通信，四元组是固定的，那F函数算下来的结果也是固定的，这样随机性就大大降低了。所以再增加一个secretkey，让ISN变得更难预测。"

"那是不是这样就万无一失，再也不怕被劫持了呢？"我接着问道。

主管顿了一下，说道："除非是网络中其他单位做中间人来劫持，否则应该是没有办法了。"

主管不愧是主管，就是比我们懂得多。

耽搁了半天，我的这条连接还没有回复，我赶紧按照新的算法，算出了ISN，给对方回了过去。

第一个练手的连接就让我学到了不少东西，没想到一个简单的ISN居然还有这么多讲究。

6.1.2 Linux协议栈里的计数器

时间来到下午，小C带我在大厦里到处转转，熟悉一下环境。

不多时，我们来到了一间屋子，屋子里摆放着一堆计数器，上面的信号灯还在一明一暗地不停闪着。

"这又是一堆什么计数器啊，怎么这么多！"我问一旁的小C。

"这些是咱们网络部门工作数据的重要记录，不仅在咱们传输层，下面一楼的网络层也有一个屋子存放了他们的计数器。每一次启动，咱们发了多少包、收了多少包、出错了多少、收到多少重复包等信息，都在这一笔笔记着呢。你后面正式工作了，少不了要经常来这里。"

我放眼望去，每个计数器上面都贴了标签：

```
SyncookiesSent
SyncookiesRecv
SyncookiesFailed
EmbryonicRsts
PruneCalled
RcvPruned
OfoPruned
......
DelayedACKs
DelayedACKLocked
DelayedACKLost
ListenOverflows
ListenDrops
TCPPrequeued
```

正瞧着，忽然发现有不少同名的计数器，再仔细一瞧，不是同名，而是这里划分了8个分区，每个分区里的计数器都是一样的。

"小C，这里怎么有8份一样的计数器啊。"

"那是因为和咱们打交道的CPU是个8核的，为了防止多个线程之间竞争，加锁太耽误事了，就弄了8份。最后统计的时候再合在一起就行了。"

离开了计数器的房间，小C又带我参观了存放连接请求队列的仓库，接着又教了我几个TCP定时器的用法，这一天真是收获满满。

明天就要正式工作了，不知道又是怎样的一天。

🖥 6.2　"猜出"TCP的序列号

6.2.1　神秘的TCP计数器

夜黑风高，乌云蔽月。

两位不速之客，身着黑衣，一高一矮，潜入Linux帝国。

这一潜就是一个多月，直到他们收到了一条消息……

高个："上峰终于给我们派任务了。"

矮个："什么任务？我都闲得发慌了。"

高个："上峰让我们配合他们完成TCP连接的劫持。"

矮个："TCP劫持？我们就是个普通程序，并没有内核权限，怎么去修改网络连接啊，这不是强人所难吗？"

高个："是啊，我也很奇怪。信上只约定了让我们到时候告诉他们一个计数器的值就行，其他的我们不用管。"

矮个："计数器，什么计数器？"

高个："DelayedACKLost，信上说执行cat /proc/net/netstat就能看到。"

矮个："不需要特殊权限吗？"

高个："我也不知道，要不咱们先试一下？"

两人收起信件，环顾一圈，见四下无人，便偷偷执行了这一条命令：

```
~ cat /proc/net/netstat
TcpExt: SyncookiesSent SyncookiesRecv SyncookiesFailed EmbryonicRsts PruneCalled RcvPruned
OfoPruned OutOfWindowIcmps LockDroppedIcmps ArpFilter TW TWRecycled TWKilled PAWSPassive
PAWSActive PAWSEstab DelayedACKs DelayedACKLocked DelayedACKLost ListenOverflows ListenDrops
TCPPrequeued TCPDirectCopyFromBacklog TCPDirectCopyFromPrequeue TCPPrequeueDropped TCPHPHits
TCPHPHitsToUser TCPPureAcks TCPHPAcks TCPRenoRecovery TCPSackRecovery TCPSACKReneging
TCPFACKReorder TCPSACKReorder TCPRenoReorder TCPTSReorder TCPFullUndo TCPPartialUndo
TCPDSACKUndo TCPLossUndo TCPLostRetransmit TCPRenoFailures TCPSackFailures TCPLossFailures
TCPFastRetrans TCPForwardRetrans TCPSlowStartRetrans TCPTimeouts TCPLossProbes
TCPLossProbeRecovery TCPRenoRecoveryFail TCPSackRecoveryFail TCPSchedulerFailed TCPRcvCollapsed
TCPDSACKOldSent TCPDSACKOfoSent TCPDSACKRecv TCPDSACKOfoRecv TCPAbortOnData TCPAbortOnClose
TCPAbortOnMemory TCPAbortOnTimeout TCPAbortOnLinger TCPAbortFailed TCPMemoryPressures
TCPSACKDiscard TCPDSACKIgnoredOld TCPDSACKIgnoredNoUndo TCPSpuriousRTOs TCPMD5NotFound
TCPMD5Unexpected TCPSackShifted TCPSackMerged TCPSackShiftFallback TCPBacklogDrop TCPMinTTLDrop
TCPDeferAcceptDrop IPReversePathFilter TCPTimeWaitOverflow TCPReqQFullDoCookies TCPReqQFullDrop
TCPRetransFail TCPRcvCoalesce TCPOFOQueue TCPOFODrop TCPOFOMerge TCPChallengeACK TCPSYNChallenge
TCPFastOpenActive TCPFastOpenActiveFail TCPFastOpenPassive TCPFastOpenPassiveFail
TCPFastOpenListenOverflow TCPFastOpenCookieReqd TCPSpuriousRtxHostQueues BusyPollRxPackets
TCPAutoCorking TCPFromZeroWindowAdv TCPToZeroWindowAdv TCPWantZeroWindowAdv TCPSynRetrans
TCPOrigDataSent TCPHystartTrainDetect TCPHystartTrainCwnd TCPHystartDelayDetect
TCPHystartDelayCwnd TCPACKSkippedSynRecv TCPACKSkippedPAWS TCPACKSkippedSeq
TCPACKSkippedFinWait2 TCPACKSkippedTimeWait TCPACKSkippedChallenge
TcpExt: 0 0 230 0 26 0 0 0 0 0 1163 0 0 0 0 0 1387 0 616 0 0 0 0 0 0 161539 0 8983 8331 1 55 0 0
0 0 0 0 0 1 64 0 1 3 4 55 2 2 169 120 26 1 15 0 2 607 40 7 0 108 73 0 135 0 0 0 0 0 64 0 0 0 0
94 0 0 0 0 0 0 0 0 164593 31220 0 40 212 365 0 0 0 0 0 0 0 0 763 0 0 6 179 24989 0 0 0 0 0 0 9 0
3 153
IpExt: InNoRoutes InTruncatedPkts InMcastPkts OutMcastPkts InBcastPkts OutBcastPkts InOctets
OutOctets InMcastOctets OutMcastOctets InBcastOctets OutBcastOctets InCsumErrors InNoECTPkts
InECT1Pkts InECT0Pkts InCEPkts
IpExt: 2 0 76650 21268 42197 9 2465692115 4302250002 4650501 3813865 7224210 702 0 2844580 0 5 0
```

"这都是些什么啊？怎么这么多？"矮个问道。

"看样子，像是记录了网络协议栈的很多统计信息。"高个一边说一边仔细地查看着。

"这些信息居然是公开的，谁都可以看？"

"只能看，又改不了，怕啥？快找吧，找到DelayedACKLost再说。"

两人瞪大了眼睛，总算在一片密密麻麻的输出中，找到了他们要的计数器。

可这一个小小的计数器怎么就能助上峰完成TCP的劫持，二人百思不得其解。

第二天晚上。

"快醒醒，上峰又来消息了。"在高个的一阵摇晃中，矮个睁开了困顿的双眼。

"又是什么消息啊？"

"让我们立即汇报DelayedACKLost的值。"

两人赶紧起身，再次执行了那条命令，拿到了计数器的值，报了上去。

刚发完消息还没缓过神，上峰的指示又来了：DelayedACKLost有无增加？

两人互相看了一眼，不解其意，不过还是再次查看了计数器，确认没有增加，再次把结果报了上去。

就这样，来来回回几十次，上峰一直询问这个计数器有无增加，可把哥俩忙坏了。

终于，上峰不再来消息，两人有了喘息的时间。

6.2.2　奇怪的TCP连接

而此刻，Linux帝国网络部协议栈大厦还是灯火通明。

"今晚是怎么回事，网络怎么这么差，我都收到了好多错误包了。"新来的小Q叹了口气。

"不至于吧，是不是因为刚来还不太熟练？"一旁的小C随口问道。

"不是啊，有一条连接，我收到的包序列号不是太小，就是太大，搞了好多次才正确，我还没见过这种情况呢！"小Q继续说道。

一听这话，小C赶紧放下手里的工作，来到小Q工位旁边："这么邪乎？你说的这种情况我来这里这么久也没见过，让我看看。"

小C仔细查看了过去一段时间的通信，在这条连接上，不断有数据包发送过来，但因为TCP序列号一直不对，所以都丢掉了。

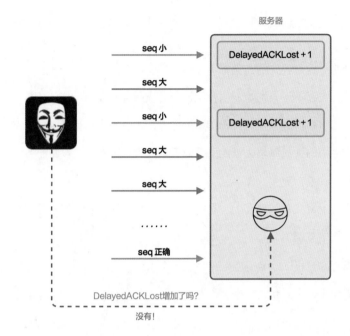

"有点奇怪，这家伙怎么感觉像是在猜序列号啊？而且奇怪的是最终居然让他给猜出来了！这条连接一定有问题，多半是被劫持了。劫持方因为不知道序列号，所以一直在尝试猜测序列号。"小C说道。

小Q也看了一看，说道"你这么一说，确实是，而且你看，他不是瞎猜，好像是用二分法在猜！序列号是个32位的整数，二分法猜测，只需要32次就能猜出来。"

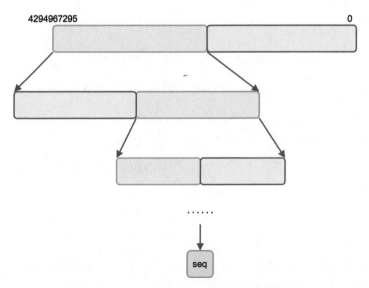

"二分法？用二分法的前提是他要知道每次猜大了还是猜小了，得不到这个反馈，

他就只能瞎猜了。他是如何得知猜大了还是猜小了呢？"

两人思来想去，也想不通对方是如何用二分法猜出了最终的序列号，随后将此事报给了网络部传输层主管，主管又将这事报给了帝国安全部长。

6.2.3 基于计数器的侧信道攻击

部长得知这个消息后，高度重视，要求全面排查网络部TCP协议相关的代码。

大家寻着TCP数据包处理的流程，在序列号检查处的位置发现了问题。

```
/* Step 1: check sequence number */
if (!tcp_sequence(tp, TCP_SKB_CB(skb)->seq, TCP_SKB_CB(skb)->end_seq)) {
    /* RFC793, page 37: "In all states except SYN-SENT, all reset
     * (RST) segments are validated by checking their SEQ-fields."
     * And page 69: "If an incoming segment is not acceptable,
     * an acknowledgment should be sent in reply (unless the RST
     * bit is set, if so drop the segment and return)".
     */
    if (!th->rst) {
        if (th->syn)
            goto syn_challenge;
        tcp_send_dupack(sk, skb);
    }
    goto discard;
}
```

如果序列号检查不通过，就会进入tcp_send_dupack，大家都把注意力放到了这里：

```
static void tcp_send_dupack(struct sock *sk, const struct sk_buff *skb)
{
    struct tcp_sock *tp = tcp_sk(sk);

    if (TCP_SKB_CB(skb)->end_seq != TCP_SKB_CB(skb)->seq &&
        before(TCP_SKB_CB(skb)->seq, tp->rcv_nxt)) {
        NET_INC_STATS_BH(sock_net(sk), LINUX_MIB_DELAYEDACKLOST);
        tcp_enter_quickack_mode(sk);

        if (tcp_is_sack(tp) && sysctl_tcp_dsack) {
            u32 end_seq = TCP_SKB_CB(skb)->end_seq;

            if (after(TCP_SKB_CB(skb)->end_seq, tp->rcv_nxt))
                end_seq = tp->rcv_nxt;
            tcp_dsack_set(sk, TCP_SKB_CB(skb)->seq, end_seq);
        }
    }

    tcp_send_ack(sk);
} « end tcp_send_dupack »
```

"这里这个before判断是什么意思？"主管问道。

小C上前回答说："这是在判断收到的数据包的序列号是不是比期望的序列号小，如果小的话，说明网络有重传，就要关闭延迟回复ACK的机制，需要立即回复ACK。"

"延迟回复ACK？"

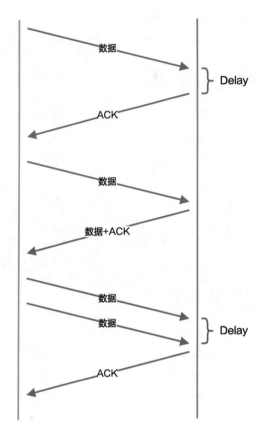

"哦，主管，这是TCP协议的一个优化，TCP传输需要确认，但是如果每一次交互数据都发送ACK就太浪费了，所以做了一个优化，等到多次或者有数据发送的时候，一并把回复的ACK带上，就不用每次发送ACK报文了，我们把这个叫DelayedACK，也就是延迟确认。"小C继续解释道。

"那下面这个tcp_enter_quickack_mode是不是就是关闭这个机制，进入快速ACK回复模式？"主管问道。

"没错没错！"

这时，安全部长指着一行问道："这里看着有些古怪，是在干吗？"

"这个我知道，小C昨天教过我，这个是在进行统计。把这一次延迟ACK的丢失计入对应的全局计数器中。"小Q说道。

经验老到的安全部长此刻意识到了问题："如此看来，收到的序列号比期望小的时候，这个计数器才会增加，如果大了就不会增加。各位试想一下，如果那个猜测的家伙能看到这个计数器有无增长，不就能知道是猜大了还是猜小了吗？"

小Q摇了摇头说道："不会吧，计数器在我们这里，网络上其他人怎么可能知道。再说了，这个计数器大家都在用，用这个判断，误差太大啦！"

主管也摇了摇头："不对，虽说大家都在用，不过这里这个计数器很特别，发生的概率很小，一般不会走到这里来，网络哪儿那么容易出问题嘛。"

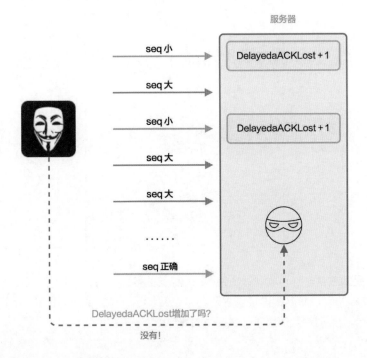

安全部长说道："根据目前掌握的信息，之前就有其他部门反映帝国有奸细混了进来，不过他们一直藏在暗处，至今还没有揪出来。如若他们和外界勾结，作为眼线，观察这个计数器的变化，外面就能知道他的猜测是大是小。对，一定是这样！"

随后，安全部长来到了文件系统部门，调用了/proc/net/netstat的访问记录，根据记录很快定位到隐藏在Linux帝国的两个细作，下令将他们逮捕。

两位奸细如实交代了一切……

6.3　危险的TCP SYN Flood

小Q是Linux帝国负责TCP连接的公务员。

一直以来工作都很轻松，加班也少，但自从nginx到来以后，小Q的工作量一下就大了起来，经常加班，为此小Q背后没少抱怨。

一大早，nginx按时启动，绑定了80端口监听，开始了今天的营生。

没过多久，今天的第一个客户来了。

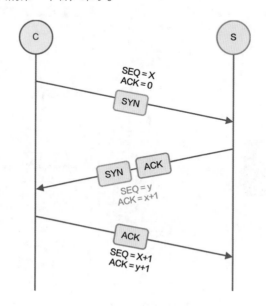

小Q还是如往常一样，收到这个带有SYN标记的数据包后，创建了一个连接请求块，然后将其放入80端口归属的连接请求队列中，回复了一个带有SYN和ACK标记的数据包后，开启了一个定时器，等待第三次握手的完成。

没等多久，这个客户就发来了回信，三次握手完成。小Q把这个连接请求块转移到了80端口对应的连接就绪队列中，并按下了铃铛。

听到铃声的nginx醒了过来，调用accept函数，从队列中拿到了这个新来的客户，开始服务。

这就是小Q的日常，他已经干这份工作太久了，轻车熟路。

很快到了深夜，小Q准备打个盹儿，这么晚估计没有活儿了。

没想到刚躺下，就来了一个连接请求，小Q揉揉惺忪的睡眼，准备来处理，然后接着很快来了第二个，第三个，第四个……

奇怪的是，每一个客户只发送了一个SYN就没了音讯，眼看着连接请求队列里的请求块越来越多，最后实在没有空间安放新的请求块，小Q开始意识到情况不妙，拉响了帝国安全警报……

十分钟前……

6.3.1　SYN洪水攻击

"快醒醒，有消息来了。"还处在sleep状态的阿D被唤醒了。

"上峰总算想起我了，我来到这台破电脑都快一个月了，一直没有指示，只是让我保持静默，我都憋坏了。"阿D伸了伸懒腰，起身调用recv函数取到了消息：

目标：222.***.189.34 端口：80 动作：伪造源IP地址，发送SYN数据包

读完消息后，阿D构造了一个TCP数据包，将SYN标记点亮，伪造了一个源IP地址，将其发送出去。

经过一通路由转发，这个数据包终于来到Linux帝国，却迟迟没有人来接待，侧目望去，原来，已经有数不清的TCP包堵在门口，还有无数类似的TCP包正在源源不断地涌入……

此刻，帝国高层正在召开紧急会议。

防火墙："现在有无数的网络连接进来，为了帝国的安全，我只好先关闭了网络，把那些数据包挡在外面。"

nginx："需要赶紧采取措施，恢复正常，我们每秒钟都在丢失大量的客户，这是一笔巨额损失！"

帝国安全部长："小Q，你把当前的形势介绍一下，大家一起来出谋划策。"

小Q："好的。TCP的三次握手想必诸位都有所了解，收到SYN数据包后，我需要准备一个数据块来存储客户端的信息，敌军正是瞄准了这一点，给我发送大量SYN数据包，我就需要分配大量的数据块，直到把我们的空间耗尽。"

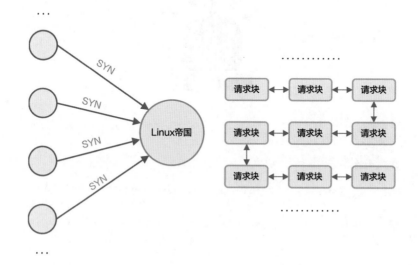

nginx："抱歉，我打断一下，你为何不及时把无效的数据块释放掉，腾出空间呢？"

小Q："当然有，我有一套超时机制，超时以后第三次握手还没来，我就会把数据块释放掉。但现在的问题是敌军声势浩大，刚刚腾出的空间马上又会被挤占。"

nginx："那简单，你把超时时间调小一点儿，尽快释放无效的数据块不就行了！"

小Q："要是太小了，正常的用户因为网络原因，时延比较大的，不就被误伤了吗？"

nginx："嗯，这个你们自己权衡一下，取一个合适的值，如今也没有其他办法，赶紧恢复生产才是！"

安全部长："小Q，先这样试试看。"

小Q："行吧，我这就去。"

半小时后……

6.3.2 安全防护：SYN Cookie

小Q："部长，我已经按照指示执行，不过网络连接越来越多，这一招恐怕支撑不了太久，还是早做打算才是。"

安全部长："WAF（Web应用防火墙）呢，你们有没有什么办法？"

WAF："部长，我们关注的业务在于Web应用安全，此次的SYN Flood，实非我等擅长。"

现场陷入了久久的沉默……

过了一会儿，防火墙打破了沉默："小Q，为何非得在收到第一次握手SYN数据包后就建立数据块？如果把数据块的建立时间放在第三次握手之后呢？"

小Q："如果一开始不用建立数据块占用空间，那确实解决了大麻烦！不过，不建立数据块，如何把客户端的信息保存起来呢？"

防火墙："保存什么信息？"

小Q："客户端的IP、端口、序列号这些啊。"

防火墙："这些信息在第三次握手带来的数据包中也有啊，不用提前存起来嘛！"

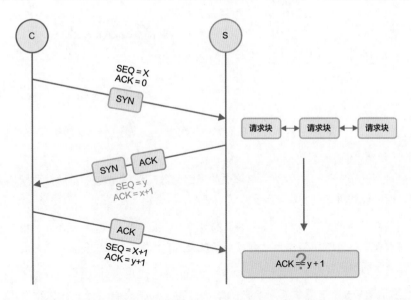

小Q："不行，第三次握手我要校验对方发来的ACK是不是在第二次握手时我发给他的序列号上加1，如果我提前不分配数据块把我发给他的序列号存起来，到时候就没办法校验了呀！"

防火墙："有没有什么办法，不用提前存，也能做校验呢？"

小Q："这，这怎么做？"

防火墙："有了！第二次发给客户端的序列号，如果不是一个随机值，而是根据客户端信息和其他信息综合计算出来的一个哈希值，收到第三次握手的时候，我们拿到客户端答复的ACK，再重新计算一次哈希值，如果哈希值＋1＝ACK，那就能对得上，反之就是错误的包，直接丢弃！"

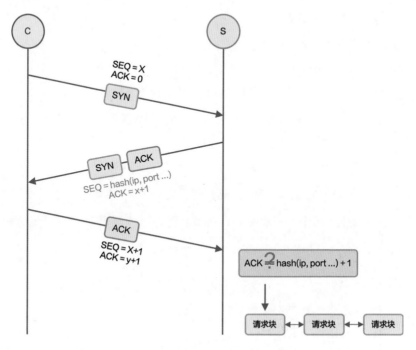

还没等小Q回过神，安全部长起身鼓掌："妙哉！这真是一个绝妙的点子！小Q，赶紧按这个办法去办！"

小Q回到工作岗位，按照防火墙提供的思路修改了策略。随后，通知防火墙重新打开网络，但究竟效果如何，小Q还是捏了一把汗。

网络恢复的一刹那，无数TCP SYN数据包涌了进来，这一次，小Q不再分配数据块，只是快速计算了一个哈希值作为序列号，回复给了客户端。小Q忙得满头大汗，但看到存储空间总算没有疯狂增长，小Q长舒了一口气。

收到消息的会议室里响起了热烈的掌声！安全部长起身说道："本次经历值得牢记，我们给这个方案取个名字吧。"

WAF抢先发言："我觉得这个方式的关键点在于把校验信息的存储从服务器放到了客户端，有点类似Web技术中的Cookie。要不咱们就叫它SYN Cookie吧！"

防火墙："嗯，这个名字好，总结得很到位。"

一个小时后，疯狂的TCP SYN数据包潮水逐渐退去，Linux帝国终于恢复了往日的宁静，nginx的业务也恢复了正常。小Q抬头一看，天边已经微亮，这漫长的夜晚总算熬过去了。

6.4　从HTTP到HTTPS的进化

我是一个浏览器，每到夜深人静的时候，主人就打开我开始学习。

为了不让别人看到浏览记录，主人选择了"无痕模式"。

但网络中总是有很多坏人，他们通过抓包截获我和服务器的通信，主人干了什么，请求了什么数据全被他们知道了！

光窃听也就罢了，他们还经常篡改内容，在网页里面插入诱人的小广告，真是太坏了！

为了保护主人的隐私，还他一个干净的上网环境，我决定对通信加密！

6.4.1　第一版：直接简单加密

加密嘛，很简单，把原来要发送的数据加密处理后再发给服务器就行了。

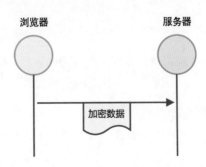

为了安全，密钥当然不能固定，每一次通信都要随机生成。

不过接下来我犯难了，我该怎么把这个密钥告诉服务器呢，服务器没有密钥就解不了密，也就不知道我在请求什么资源了。

也不能直接弄个字段告诉服务器密钥，那样别人也能拿到，就和没加密一样了。

我左思右想，灵机一动，决定把密钥放在数据的开头几个字节藏起来，只要私下和服务器约定好，他用这前几个字节作为密钥解密，就能解开我发送的数据了。

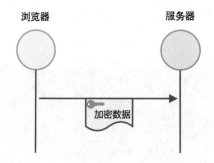

你还别说，这办法还真好使，我和服务器开始秘密通信起来。

后来，找我使用这种办法通信的服务器变得越来越多。

再后来这事就在圈子里传开了，大家都知道数据的前几个字节是密钥了，谁都能解密了。

看来这个办法不行，我要重新思考加密方法了。

6.4.2　第二版：非对称加密

服务器告诉我，我们之前用的那种加密算法叫对称加密算法，也就是加密和解密使用的是同一个密钥。

还有一种叫非对称加密算法，这种算法有两个密钥，一个公开的叫公钥，一个私藏的叫私钥。

最关键的是，公钥加密后只能用私钥解开，反过来也一样。

只要在正式的数据传输前，服务器把他的公钥告诉我，后面我用它加密数据就行了，就算被别人抓包，他也解不开，因为只有拥有私钥的服务器才能解开。

不得不说，非对称加密真是个好东西啊！

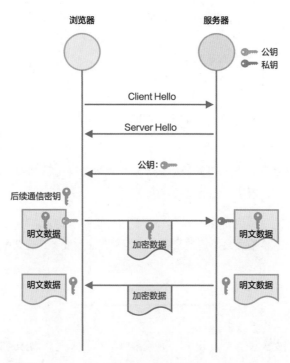

不过这样一来只能单程加密，服务器能解密我发的，但他发给我的，我却解不了，也不能让他用私钥加密，我用公钥解密，因为公钥是公开的，谁收到都能解，不安全。

没办法，我也弄了一对密钥，通信之前我们双方都交换一下彼此的公钥，这样就可以双向加解密了！

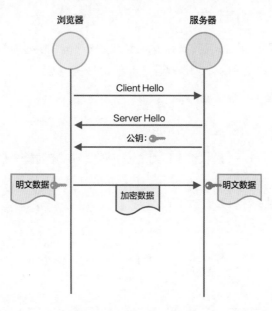

虽然有点麻烦，但为了数据安全，忍了吧！

6.4.3　第三版：非对称与对称加密结合

但我忍了没几天就忍不住了。

这个非对称加密算法好是好，就是加解密太费时间了，导致我渲染一个网页要花很长时间，卡得不行。

我打算去跟服务器商量一下解决办法，没想到服务器比我更头疼，他要服务很多浏览器，每一个都这么加解密，把他累得够呛。

于是我们决定，还是用原来的对称加密算法，这样快得多。但是一开始的时候可以用非对称加密算法来传输后面要用的密钥，把两种算法的优势结合起来。

这样一来，我只需把后面要用到的密钥，通过服务器公钥加密后发给他就行了，我省了不少事。

6.4.4　第四版：密钥计算

有一天，服务器告诉我，我们现在的密钥就是一个随机数，而随机数并不是真正随机的，可能被预测出来，所以我们得提升这个密钥的安全性。

一个随机数不够，那就多弄几个！

一端容易被猜出来，那就两端一起生成！

我们决定各自生成一个随机数发给对方，我再额外加密传输一个随机数给服务器，这样一来，咱们双方都有三个随机数了，然后双方都用这三个随机数计算出真正的密钥，这可比一个单纯的随机数安全多了。

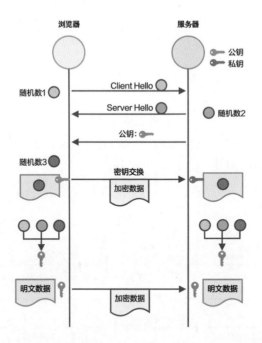

不过为了验证双方计算出来的密钥是一样的，我们在正式传输数据前，需要先来测试一下，现在的流程变成了这个样子：

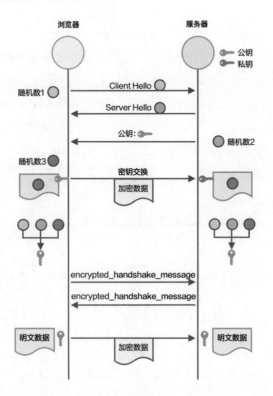

我们的这一方案很快得到了大家的认可，圈子里的浏览器和服务器们纷纷用上了这套方案。

6.4.5　第五版：数字证书

原以为这个方案已经万无一失了，没想到我和服务器的通信还是泄漏了……

原来有个家伙冒充服务器和我通信，然后又冒充我和服务器通信，把我的请求进行了转发，我们俩都被蒙在鼓里，这就是中间人攻击。

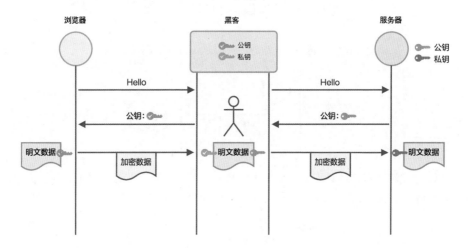

看来还缺乏一个认证机制！我得知道和我通信的是不是真的服务器。

大家经过商量，圈子里的服务器们推选了一个德高望重的前辈作为公证人，让这位公证人准备一对非对称加密的密钥，并在圈子里公开了公钥，所有人都得把他的公钥记下来。

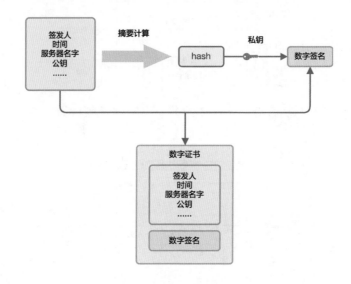

服务器要先去公证人这里登记，把自己的公钥、名字等信息报上去，公证人拿到这些信息后，计算一个Hash值，然后再用公证人的私钥把Hash值进行加密，加密后的结果就是数字签名。

　　最后，公证人把登记的信息和这个数字签名合在一起，封装为一个新的文件发给服务器，登记就完成了，而这个新的文件就是数字证书。

　　服务器拿到证书后，可要好好保管，因为通信的时候，服务器需要将他们的证书发给我们浏览器验证。

　　我们浏览器拿到证书后，把证书里面的信息也计算一遍Hash值，再用提前记录好的公证人的公钥把证书里的数字签名进行解密，得到公证人计算的Hash值，两个值一对比，就知道这证书是不是公证人签发的，以及有没有被篡改过！

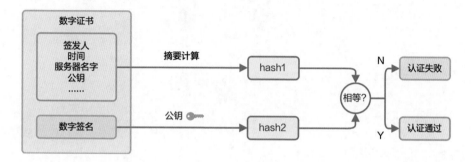

　　只有验证成功才能继续后面的流程，要不然证书就是冒充的！

　　这一下总算解决了中间人冒充的问题，除非中间人偷到了公证人的私钥，否则他是没办法伪造出一个证书来的。

　　非对称加密除了加密数据，还能用来验证身份，真是很了不起！

6.4.6　第六版：信任链

　　我们这个加密方案一传十，十传百，很快就传遍了整个互联网，想要使用这套方案的服务器越来越多，毕竟，谁都不希望自己的网站被人插入小广告。

　　可原来的那个公证人有些忙不过来了，于是，大家开始推选更多的公证人，公证人开始多了起来，不仅多了起来，而且还形成了产业链。

　　原来的公证人变成了一级公证人，一级公证人可以给新的公证人签发证书，新的公证人就变成了二级公证人，还有三级公证人，搞得跟传销似的。

　　原来只有一个公证人的时候，大家直接保存他的公钥就行了。现在公证人越来越多，我们没办法保存所有公证人的公钥了，就算能保存得下，当有新的公证人出现的时候我们也做不到实时更新。

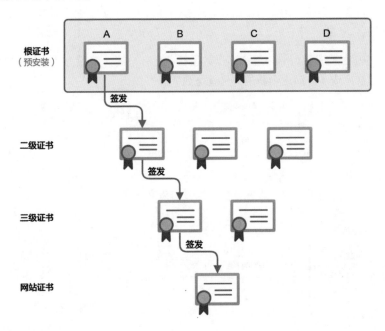

于是，大家约定，让所有的一级公证人自己给自己签发一个证书，叫作根证书，并安装在我们的操作系统中。

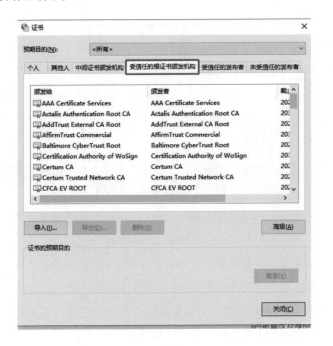

以后在验证网站服务器的证书时，就要先去验证证书的签发者，然后再继续验证上一级签发者，直到验证最终的签发者是否在根证书列表中。

只要最终的签发者在系统的根证书列表中，那这条链上签署的证书就都是受信任的，否则我们就会弹窗提醒用户：

如今，这套方案已经推广到了全世界，现在遇到使用这套方案的网站服务器时，我们浏览器就会在地址栏加上一把小锁，表示网站很安全，还把URL地址，从HTTP改成了HTTPS……

6.5 线程栈里的秘密行动

我是一段shellcode，一段用来执行漏洞攻击的二进制代码。

我的主人精心创造了我，把我藏在了一个叫小e的HTML文件中，随着一个POST请求，我们朝着攻击目标奔去。

很快我们就抵达目的地，这是一台运行Linux系统的计算机，无数的数据包在这里来来往往。

"这里可真热闹！"

"嘘，先别说话，马上要经过防火墙了，藏好，可别被发现了。"小e一把捂住了我的嘴。

说完我们藏身的数据包就来到了防火墙面前，当差的守卫查看了我们的源IP和端口，又看了目的IP和目的端口，接着瞟了一眼负载数据，当他望向我这边时，我紧张得大气都不敢出一声，把头深深地埋着。

守卫凶神恶煞地问道："你是去80端口的？这里面装的是什么？"

"回大人的话，这里面是一个HTML表单，这单业务比较急，还望大爷行个方便。"小e一边说一边悄悄给守卫的衣袖里塞了一些银两。

"走吧，放行！"总算等来了守卫的这句话，我长舒了一口气。

通过了安检，我俩被安排到一个队列等待，不一会儿，一个叫Apache的进程把我们取走了。

6.5.1　栈溢出与Stack Canary

这个叫Apache的进程把我们放到了一个陌生的地方。

"你等我一下，我去打听打听情况。"小e叮嘱完我后，和隔壁一个对象聊了起来。

不一会儿，转过头对我说道："我打听清楚了，这里是进程的堆区，你可还记得主人交代的任务吗？"

"当然记得，我是shellcode，我要获得执行机会，潜伏起来，和主人取得联系，等待下一步指示。"

"嗯，很好，一会儿我会找机会让你获得执行，先等等。"

"你怎么办到啊？"我有点好奇。

"你看到那个线程栈了吗？"小e说完指向远处的一个地方。

顺着小e指的方向望去，我看到了他口中所说的栈，有一个线程正在旁边忙碌，一会儿执行push，一会儿执行pop。

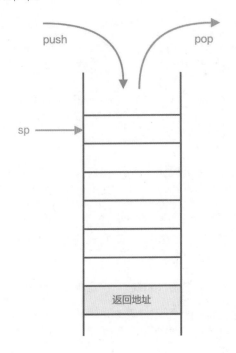

"我看到了，我猜你是想用栈溢出攻击覆盖返回地址，劫持指令寄存器，让我获得执行机会，我猜得对吧？"我转头看着小e。

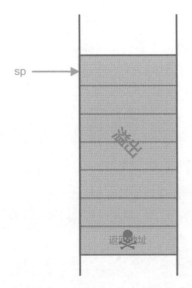

"小子，知道得不少嘛！不过你只回答对了一半，咱们这次没法覆盖返回地址来获得执行机会。"

"哦，这却是为何？"

小e又指向了线程栈："你看，返回地址前面有个8字节数字，那个叫Stack Canary，是Linux操作系统抵御栈溢出攻击的手段。"

"不就是8个字节的数字，有什么可怕的？"我不屑一顾。

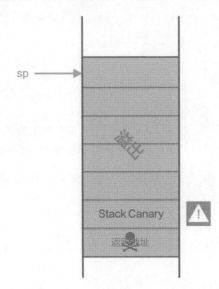

"可不要小瞧了它，当栈溢出数据被修改后，函数返回前，会检查它有没有被修改，一旦被发现修改过，进程就会终止，咱们的计划不就泡汤了吗？"

"这程序员还挺聪明的嘛！居然还做了检查。"

"这可不是程序员做的，这是GCC编译器干的，只要编译的时候添加了-fstack-protector标记就会自动添加这个Stack Canary，对原来的程序代码是透明的。"

听着小e的话，我陷入了沉思。

6.5.2 虚函数攻击

"如此一来，那岂不是不能使用栈溢出了？"

"也不尽然。直接覆盖返回地址是基本不太可能了，过不了函数返回时的检查。但可以在它做检查之前就动手，抢先一步劫持执行流程，就没有机会做检查了。"说完小e朝我眨了眨眼睛。

还有这种操作，我还是第一次听说："不覆盖返回地址怎么能劫持到执行流程呢？你打算怎么做？"

"嘘！有个线程过来了！"

我一下趴着不敢乱动，余光中瞥见他读取了隔壁对象的前面8个字节后就离开了。

"好险，差点被发现，你呀，说话别那么大声，计划败露那就全完了，知道吗？"小e把我训了一顿。

"好啦，我知道了。我刚才问你的问题你还没回答我呢。"这一次我压低了音量。

"你猜刚刚那个线程过来读取的是什么？"小e神神秘秘地说道。

"不是读取的隔壁对象的内容吗？"

"我是问你那内容是什么？"

"这我怎么知道，我又不知道那是个什么对象。"

小e压低了音量，轻声说道："他读取的应该是对象的虚函数表指针，你看以这8个字节为地址，指向的地方是一个表格，表格里每一项都是一个函数的地址。"

我按他说的看过去，果然如他所言，只见那线程又取出了表格中的一项后转身就去执行那里的代码了。

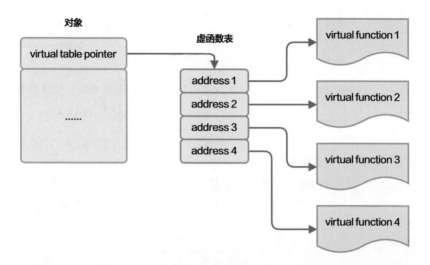

"你绕了半天，还没告诉我你打算怎么让我获得执行机会呢。"

"你别着急啊，秘诀就在这虚函数表指针上。你再看看线程栈，瞧见没有，那里也有一个对象，咱们只要把它的虚函数表指针覆盖，指向一个假的虚函数表，表格里写上你的地址，你不就有机会执行了嘛。"

我的脑子飞速运转想象了一下这幅画面：

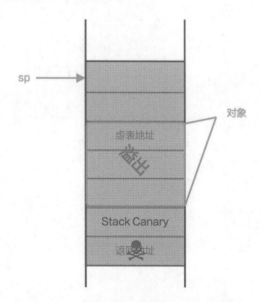

"果然是妙招！不过你怎么知道对象的虚函数表指针在哪里呢？"我向小e提出了疑问。

"虚函数表指针一般都是在对象的头部，也就是最前面8个字节。"

"所有对象都是吗？"

小e摇摇头，"那倒也不是，有些对象所属的类根本没有虚函数，那也就没有虚函数表，虚函数表指针更是无从谈起了。不过这个对象是有的，主人在创造我们时已经都提前研究好了。咱们只需静待时机，按计划行事即可。"

"快醒醒，该我们上了。"小e把我叫醒，不知过了多少时间，我竟然睡着了。

只见前面那个线程执行了memcpy，把我和小e一起拷贝到他的线程栈里。

我昏沉的脑袋一下子清醒了过来，下意识地看了一下前面那个对象，现在他就在我上面不远处，已经被小e的身体覆盖掉了，再仔细一看这个对象的前8个字节，指向的函数表就在我的头顶，而表中每一项都指向了我所在的地址，主人果然安排得天衣无缝。

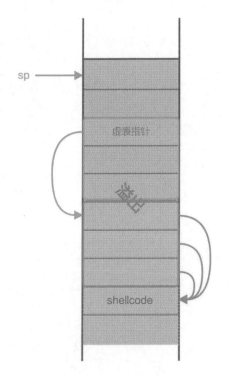

一切都按照计划完美进行，过了一会儿，我可算等来了执行的机会，潜伏了这么久，终于该我上场了。

6.6 CPU分支预测引发的危机

还记得我吗，我是阿Q，就是那个CPU一号车间的阿Q。

自从我们车间用上了乱序执行和分支预测后，生产效率大大提升，领导不仅在全厂的员工大会上表扬了我们，还把这两项技术向全厂推广，在我们8个CPU核心车间都铺开了，性能甩开竞争对手几条街。

可是，就在我们还沉醉在取得的成绩时，不知不觉我们竟埋下了灾难的种子……

事情还得从不久前的一个晚上说起。

6.6.1 触发分支预测

这天晚上，我们一号车间遇到了这样一段代码：

```c
uint8_t array1[160] = {1,2,3,4,5,6,7,8,9,10,11,12,13,14,15,16};
uint8_t array2[256 * 512];
uint8_t temp = 0;

void bad_guy(int x) {
    if (x < 16) {
        temp &= array2[array1[x] * 512];
    }
}
```

不一会儿工夫，我们就执行了这个bad_guy()函数很多次，这不，又来了。

负责取指令的小A向内存那家伙发去了请求，让内存把参数x的内容传过来，我们知道，以内存那蜗牛的速度，估计会让我们好一阵等。

这时，负责指令译码的小胖忍不住说："你看，我们这都执行这个函数好多次了，每次过来的参数x都是小于16的，这一次估计也差不多，要不咱们启动分支预测功能，先把小于16分支里的指令提前做一些，大家看怎么样？"

我和负责数据回写的老K互相看了一眼，都点头表示同意。

于是，就在等待的间隙，我们又给内存发去了请求，让他把array1[x]的内容也传过来。

等了一会儿，数据总算传了过来：

```
x: 2
array1[x]: 3
```

拿到结果之后，我们开始一边执行x<16的比较指令，一边继续找内存索要array2[3]的内容。

比较指令执行的结果不出所料，果然是true，接下来就要走入我们预测的分支，而我们提前已经将需要的数据准备到缓存中，省去了不少时间。

就这样，我们成功地预测了后续的执行路线，我们真是一群机智的小伙伴。

6.6.2　乱序执行与缓存引发的攻击

天有不测风云，不久，事情发生了变化。

"呀！比较结果是false，这一次的x比16大了。"我执行完才发现，接下来要执行的分支并不是我们预测的分支。

小A闻讯而来："呃，咱们提前执行了不该执行的指令不会有问题吧？"

老K安慰道："没事儿，咱们只是提前把数据读到了我们的缓存中，没问题的，放心好啦。"

我想了想也对，大不了我们提前做的准备工作白费了，没有多想就继续去执行>16的分支指令了。

随后，同样的事情也时有发生，渐渐我们就习惯了。

夜越来越深，我们都有点犯困了，突然，领导来了一通电话，让我们放下手里的工作火速去他的办公室。

我们几个不敢耽误，赶紧出发。

来到领导的办公室，里面多了两个陌生人，其中一个还被绑着，领导眉头紧锁，气氛十分紧张。

"阿Q啊，你知不知道你们新发明的乱序执行和分支预测技术闯了大祸？"

我们几个一听傻眼了："领导，这是从何说起啊？"

领导从椅子上站了起来，指着旁边的陌生人说道："给你们介绍一下，这是操作系统那边过来的安全员，让他告诉你们从何说起吧！"

这位安全员向大家点头致意，指着被捆绑的那个人说道："大家好，我们抓到这个线程在读取系统内核空间的数据，经过我们的初审，他交代了是通过你们CPU的乱序执行和分支预测功能实现的这一目的。"

我和小A几个一听都是满脸疑惑，我们这两个提升工作效率的技术怎么就能泄漏系统内核数据呢？

安全员显然看出了我们的疑惑，指着被捆绑的那个线程说道："你把之前交代的再说一遍。"

"几位大爷，你们之前是不是遇到了分支预测失败的情况？"那人抬头看着我们。

"有啊，跟这有什么关系？失败了很正常嘛，既然是预测，那就不能100%打包票预测正确啊。"我回答道。

"您说得没错，不过如果这个失败是我故意策划的呢？"

听他这么一说，我的心一下悬了起来："故意的？什么意思？"

"是这样的，我先故意给你连续多次小于16的参数，误导你们，让你们开启预测，误以为后面的参数还是小于16的，然后突然来一个特意构造的大于16的参数，你们果然上钩了，预测失败，提前执行了一些本不该执行的指令。"

"那又如何呢？我们只是把后面需要的数据提前准备到了缓存中，并没有进一步做什么啊。"我还是不太明白。

"这就够了！"

"你小子都被捆上了，就别吊胃口了，一次把话说清楚。"一旁急性子的老K忍不住了。

"好好好，我这就交代。你们把数据提前准备到了缓存中，我后面去访问这部分数据的时候，发现比访问其他数据快了很多。"

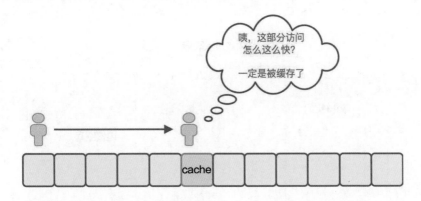

"那可不，数据在缓存中，肯定比在内存中访问快啊！哎等等，跟这有什么关系？"老K问道。

那人继续说道："如果我想知道某个地址单元内的值，我就以它作为数组的偏移，去访问一片内存区域。利用你们会提前预测执行而且会把数据缓存的机制。你们虽然预测失败了，但对应的那一块数据已经在缓存中了，接着，我依次去访问那一片内存，看看谁的访问时间明显比其他部分短，就知道哪一块被缓存了，再接着反推就能知道作为偏移的数值是多少了，按照这个思路我可以知道每一个地址单元的内容。"

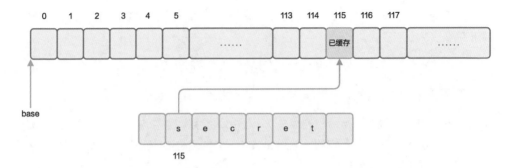

我们几个一边听一边想，琢磨了好一会儿总算弄清楚了这家伙的套路，老K气得火冒三丈，差点就想动手修理那人。

"好你个家伙，倒是挺聪明的，可惜都不用在正道上！好好的加速优化机制竟然成为了你们的帮凶。"我心中也有一团怒火。

6.6.3　KPTI内核页表隔离

事情的真相总算弄清楚了，我们几个此刻已经汗流浃背。

经过和安全员协商，操作系统那边推出了全新的KPTI技术来解决这个问题，也就是内核页表隔离。

内核页表隔离

内核空间	内核空间	
用户空间	用户空间	内核空间
		用户空间

用户态
内核态　　　　内核态　　　　内核态

以前线程执行在用户态和内核态时用的是同一本地址翻译手册，也就是人们说的页表，通过这本手册，我们CPU就能通过虚拟地址找到真实的内存页面。

现在好了，让线程运行在用户态和内核态时使用不同的手册，用户态线程的手册中，内核地址空间部分是一片空白，来一招釜底抽薪！

这下它们再也没法利用我们干坏事了！

本节描述的是几年前爆发的大名鼎鼎的CPU的熔断与幽灵漏洞。

乱序执行与分支预测是现代处理器普遍采用的优化机制。和传统软件漏洞不同，硬件级别的漏洞影响更大、更深也更难以修复。

通过判断内存的访问速度来获知是否有被缓存，这类技术有一个专门的术语叫侧信道，即通过一些场外信息来分析得出重要结论，进而达成正常途径无法达成的目的。

6.7　CPU中隐藏的秘密基地

你好，我是CPU一号车间的阿Q。

最近一段时间，我几次下班约隔壁二号车间小虎，他都推脱没有时间，不过也没看见他在忙啥。

前几天，我又去找他，还是没看到他人，却意外地在他桌上发现了一份文件，打开一看是一个代号为SGX的神秘项目，还是厂里领导亲自带头攻坚。

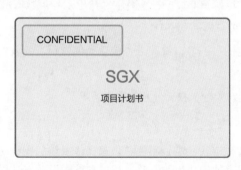

仔细看了看，原来自从上次的攻击事件发生以来，领导一直忧心忡忡，虽然当时依靠操作系统提供的办法暂解了燃眉之急，不过治标不治本，我们自身的缺陷一直存在，保不准哪天还要"翻车"。

6.7.1　神秘的SGX

这个代号为SGX的神秘项目全称为Software Guard Extensions，志在全面改革，提升咱们CPU的安全能力。

我瞬间不高兴了，这么重要的项目，居然没找我参加?

随后，我来到领导的办公室，他们几个果然在开着秘密会议，我凑在一旁偷听起来。

"诸位，你们都是咱们厂里的核心骨干，关于这次安全能力提升的事情，大家回去之后有没有什么想法，请畅所欲言！"我听到领导在讲话。

沉闷了一小会儿，隔壁二号车间小虎才说道："咱们现在不是有安全访问级别嘛，从Ring0到Ring3，已经可以很好地隔绝应用程序的攻击了啊。"

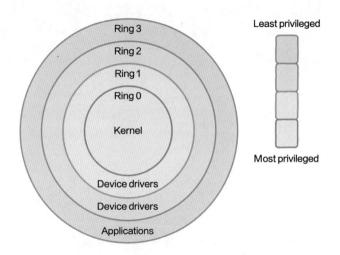

领导摇了摇头："尽管如此，一些恶意软件还可以利用操作系统的漏洞获取Ring0的权限，咱们现有的安全保护就荡然无存了。"

"那也是操作系统的'锅'，要改进也该让他们做啊，关我们什么事呢？"小虎继续说道。

"你忘记前段时间针对咱们CPU发起的攻击了吗？"

此话一出，会场瞬间安静了。

领导缓了缓，接着说道："咱们不能总依赖操作系统的安全保护，咱们自己也要拿出一些办法。我觉得现有的安全机制不够，操作系统漏洞频出，很容易被攻破，咱们现在不能信任操作系统，应彻底全面地改革！"

这时，五号车间的代表说话了："领导，我回去调研了一下，了解到咱们的竞争对手推出了一个叫TrustZone的技术，用于支持可信计算，号称提供了一个非常安全的环境专门支持对安全性要求极高的程序运行，像什么支付啊、指纹认证之类的，咱们要做的话可以参考一下。"

听完对TrustZone的介绍，三号车间老哥仿佛找到了灵感，激动地说道："有了！咱们可以在内存中划出一片特殊的区域，作为最高机密的空间。将高度机密的程序代码和数据放在这里运行，再引入一种新的工作模式，咱们CPU只有在这种模式下才允许访问这个安全空间，否则就算是有Ring0的权限也不能访问！"

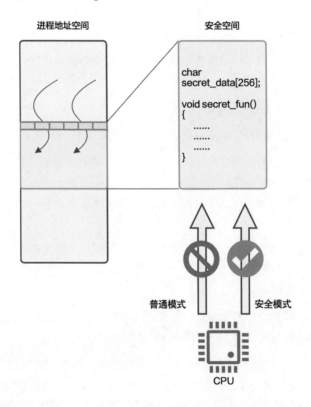

引进一个新的工作模式，这种思路倒是很新鲜，大家纷纷议论开来。

"这个安全空间技术上要怎样实现呢？"

"线程怎么进入和退出安全空间？恶意程序进去了怎么办？"

"怎么调用外部普通空间的函数呢？外部函数被攻击了怎么办？"

"需要系统调用怎么办？中断和异常怎么办？"

短短一小会儿时间，大家就七嘴八舌提出来了一堆问题……

领导给他们几个——分配了任务，下去思考这些问题的解决办法，过几天再进行讨论。

在他们散会离场前，我匆忙离开了。

6.7.2　CPU里的禁区

这可是个表现的好机会，要是能解决以上问题，领导说不定能让我加入这个项目组。

对于安全空间实现问题，既然是从内存上划出来的区域，自然要从内存的访问控制上做文章。我和厂里内存管理单元MMU的小黑还算有些交情，打算去向他请教一番。

听完我的需求，小黑不以为然："就这啊，小事一桩，访问内存时我会进行权限检查，到时候除了之前已有的检查，再加一道检查就可以：如果发现是要访问安全空间的页面，再检查一下当前的工作模式是否正确。"

其他几个问题我也有了自己的想法，安全空间按照创建→初始化→进入→退出→销毁的顺序进行使用。

- 创建：通过执行ECREATE指令创建一个安全空间。

- 初始化：通过执行EINIT指令对刚才创建的安全空间进行初始化。

- 进入 & 退出：通过执行EENTER/EEXIT指令进入和退出安全空间，类似于系统调用的SYSENTER/SYSEXIT指令。提前设置好入口地址，进入安全空间后需要从指定的地方开始执行，避免外面的程序乱来。执行这两条指令的同时CPU进行安全模式的切换。

- 中断 & 异常：遇到中断和异常，需要转而执行操作系统内核处理代码，而操作系统是不能被信任的。需要执行AEX指令退出，将在安全空间执行的上下文保存起来，以便后续继续执行。

- 系统调用：系统调用有点麻烦，需要进入操作系统内核空间，因为不能信任操作系统，同样需要先退出安全空间，执行完系统调用再进来。

- 函数调用：安全空间和外部可以互相调用函数，普通空间调用安全空间函数叫ECALL，安全空间调用外部空间函数叫OCALL。调用的方式类似操作系统的系统调用，不同的是操作系统的函数是内核提供的，安全空间的函数是应用程序自己定义的

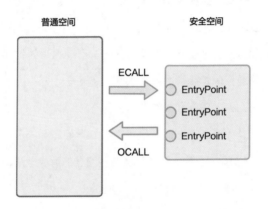

- 销毁：通过执行EREMOVE指令销毁一个安全空间。

我还给这个安全空间取了一个名字，叫Enclave，自然而然咱们CPU的工作模式就分了Enclave模式和非Enclave模式。

6.7.3　内存加密

随后，我把我的这些想法整理出来，来到了领导办公室，主动申请加入SGX项目组。

领导显然对我的到来有些意外，不过看完我准备的材料还是满意地同意了我的申请，让我也参与下一次的讨论会，真是功夫不负有心人！

很快就到了下一次的会议，我再也不用在门外偷听了。

会议上我的方案得到了大家的一致认可，只有八号车间的代表不以为然："安全空间的方案是很好，但是还差一个最重要的东西，要是加上这个，那就完美了！"

"是什么？"大家齐刷刷地望向了老八。

"这些形形色色的攻击方式，最终都要读写内存数据，而他们屡屡得手的根本原因在于什么？"老八说道。

大家一头雾水，不知道他想表达什么。

"老八，你就别卖关子了，快说吧！"

老八站了起来，说道："其根本原因就在于内存中的数据是明文，一旦数据泄漏就可能造成严重后果。而如果我们把安全空间的内存数据加密了呢？即便我们的防线都失守了，对方拿到的也只是加密后的数据，做不了什么！"

老八的话如当头一棒，我怎么就没往这个方向考虑。

"加密？那什么时候解密呢？"小虎问道。

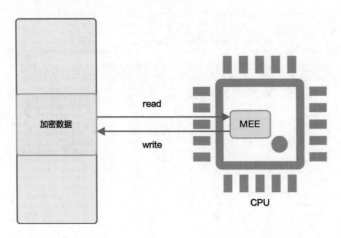

"问得好，我建议咱们厂里内存管理部门设置一个内存加密引擎MEE(memory encryption engine)电路，对安全空间的数据进行透明的加解密，数据写入内存时加密，读入咱们CPU内部时再解密！"

小虎一听说道："这个好，建议全面推广，为什么只在安全空间用啊？"

老八拍了拍小虎的头："说你虎，你还真虎，这玩意对性能的影响不可小觑，怎么能随便用呢，好钢要用到刀刃上！"

"好！老八这个建议好。我决定这个项目就由老八来牵头！"领导拍案而起。

散会后，小虎笑我忙活半天还是没有当上牵头人，我倒是很看得开，能一起参与就不错了，学到技术才是王道。

6.8 躲在暗处的挖矿病毒

傍晚时分，警报声乍起，整个Linux帝国陷入了惊恐之中。

安全部长迅速召集大家商讨应对之策。

"诸位，突发情况，CPU占用率突然飙升，并且长时间没有降下来的趋势，CPU工厂的阿Q向我们表达了强烈抗议。"

这时，一旁的kill命令说道："部长莫急，叫top老哥看一下谁在占用CPU，拿到进程号pid，我把他干掉就好了。"

此言一出，在座的大伙都点头赞许，惊恐之色稍解。

top命令站了起来，面露得意之色，说道："大家请看好了。"说完，打印出了当前的进程列表：

```
top - 21:55:39 up 68 days, 23:17,   1 user,  load average: 0.00, 0.01, 0.05
Tasks:  82 total,   1 running,  81 sleeping,   0 stopped,   0 zombie
%Cpu(s):  0.3 us,   0.3 sy,   0.0 ni, 99.3 id,   0.0 wa,   0.0 hi,   0.0 si,   0.0 st
KiB Mem :  3733768 total,  2669760 free,   150512 used,   913496 buff/cache
KiB Swap:        0 total,        0 free,        0 used.  3333188 avail Mem

  PID USER      PR  NI    VIRT    RES    SHR S  %CPU %MEM     TIME+ COMMAND
15108 root      10 -10  135740  16796  10464 S   0.7  0.4 400:22.61 AliYunDun
30502 xuanyuan  20   0  394668  26356   4308 S   0.3  0.7  32:04.98 python
    1 root      20   0   43532   3868   2588 S   0.0  0.1   0:55.07 systemd
    2 root      20   0       0      0      0 S   0.0  0.0   0:00.16 kthreadd
    3 root      20   0       0      0      0 S   0.0  0.0   0:00.90 ksoftirqd/0
    5 root      20   0       0      0      0 S   0.0  0.0   0:00.00 kworker/0:0H
    7 root       0 -20       0      0      0 S   0.0  0.0   0:00.23 migration/0
    8 root      rt   0       0      0      0 S   0.0  0.0   0:00.00 rcu_bh
    9 root      20   0       0      0      0 S   0.0  0.0   8:25.36 rcu_sched
   10 root      20   0       0      0      0 S   0.0  0.0   0:00.00 lru-add-drain
   11 root      rt   0       0      0      0 S   0.0  0.0   0:15.30 watchdog/0
   12 root      rt   0       0      0      0 S   0.0  0.0   0:12.97 watchdog/1
   13 root      rt   0       0      0      0 S   0.0  0.0   0:00.25 migration/1
   14 root      20   0       0      0      0 S   0.0  0.0   0:00.57 ksoftirqd/1
   16 root       0 -20       0      0      0 S   0.0  0.0   0:00.00 kworker/1:0H
   18 root      20   0       0      0      0 S   0.0  0.0   0:00.00 kdevtmnfs
```

众人瞪大了眼睛，瞅了半天，也没看出哪个进程在疯狂占用CPU，top老哥这下尴尬了。

这时，一旁的ps命令凑了上来："让我来试试。"

ps命令深吸了一口气，也打印出了进程列表。然而，依旧没有任何可疑的进程。

"你俩怎么回事，为什么没有？"安全部长有些不悦。

"部长，我俩都是遍历/proc/目录下的内容，按理说，所有的进程都会在这里啊，我也想不通为什么找不到……"top老哥委屈地说道。

"遍历，怎么遍历的？"

"就是通过opendir/readdir这些系统调用函数来遍历的，这都是帝国提供的标准接口，应该不会出错，除非……"说到这，top打住了。

"除非什么？"

"除非这些系统调用把那个进程给过滤掉了，那样的话我就看不到了，难道有人潜入帝国内核，篡改了系统调用？"

安全部长瞪大了眼睛，真要如此，那可是大事啊！

眼看部长急得团团转，一旁的netstat起身说道："部长，我之前结识一名好友，名叫unhide，捉拿隐藏进程是他的拿手好戏，要不请他来试试？"

部长大喜："还犹豫什么，赶紧去请啊！"

"已经联系了，随后就到。"

部长看着netstat，说道："正好，趁着这会儿你先来看看现在有没有可疑的对外连接。"

netstat点了点头，随后打印出了所有的网络连接信息：

```
[root@JD2 init.d]# netstat -napt
Active Internet connections (servers and established)
Proto Recv-Q Send-Q Local Address          Foreign Address         Stat
e        PID/Program name
tcp       0      0 0.0.0.0:80              0.0.0.0:*               LIST
EN     2511/nginx
tcp       0      0 127.0.0.1:1234          0.0.0.0:*               LIST
EN     22422/ifrit-agent
tcp       0      0 0.0.0.0:22              0.0.0.0:*               LIST
EN     1785/sshd
tcp       0      0 192.168.0.4:39756       100.64.250.73:8090      ESTA
BLISHED 7764/jdog-kunlunmir
tcp       0      0 192.168.0.4:44316       114.67.240.0:8088       TIME
_WAIT  -
tcp       0      0 192.168.0.4:51854       88.99.193.240:7777      ESTA
BLISHED -
tcp       0      0 127.0.0.1:39220         127.0.0.1:9090          ESTA
BLISHED 7047/./prometheus
tcp       0      0 192.168.0.4:44384       114.67.240.0:8088       TIME
_WAIT  -
tcp       0      0 192.168.0.4:36886       169.254.169.254:80      ESTA
BLISHED 22422/ifrit-agent
tcp       0      0 192.168.0.4:22          112.95.225.133:42268    ESTA
```

"来来来，你们挨个来认领，看看都是谁的。"部长说道。

"这个80端口的服务是我的。"nginx站了出来。

"这个6379端口的服务是我的。"redis也站了出来。

"这不，9200是我的。"elasticsearch说道。

"3306那个是我的。"

"8182是我的。"

......

一阵嘈杂后，只剩下一个连接无人认领：

```
tcp   0   0 192.168.0.4:51854      88.99.193.240:7777    ESTABLISHED  -
```

"部长，这八成就是躲在暗处的那个家伙的连接。"netstat说道。

安全部长思考片刻问道："curl何在？来访问下这个IP地址，探探对方虚实。"

curl站了出来："来了来了。"

curl小心翼翼地发送了一个HTTP请求过去，对方竟然回信了：

7777/http

HTTP/1.0 200 OK
Content-Type: text/plain
Content-Length: 36

mining pool online 010620 id 47060000

一行醒目的mining poll出现在大家面前。

"挖，挖矿病毒！"top老哥叫了出来。

这下在场的所有人都倒吸了一口凉气。

部长赶紧叫防火墙firewall配置了一条规则，将这条连接掐断。

就在这时，unhide走了进来。

简单了解情况后，unhide拍拍胸脯说道："这事交给我了，一定把这家伙给揪出来。"

随后，unhide一阵操作猛如虎，输出了几行信息：

```
Found HIDDEN PID 13053
    Executable: "/usr/bin/pamdicks"
    $USER=root

Found HIDDEN PID 13064
    Executable: "/usr/bin/pamdicks"
    $USER=root
```

众人皆凑了过来，瞪大了眼睛，unhide老哥果然不一般，果真发现了几个可疑分子。

top有点表示怀疑，问道："敢问兄台用的什么路数，为何我等都看不到这几个进程的存在？"

unhide笑道："没什么神秘的，其实我也是遍历/proc/目录，和你们不同的是，我不用readdir，而是从进程id最小到最大，挨个访问/proc/$pid目录，一旦发现目录存在而且不在ps老哥的输出结果中，那就是一个隐藏进程。"

一旁的ps笑道："原来还有我的功劳呐。"

"找到了，就是这家伙！"netstat大声说道。

```
[root@JD2 1866]# ll fd
total 0
lrwx------ 1 root root 64 Jan  5 16:09 0 -> /dev/console
lrwx------ 1 root root 64 Jan  5 16:09 1 -> /dev/console
l-wx------ 1 root root 64 Jan  5 16:09    -> pipe:[10208]
lrwx------ 1 root root 64 Jan  5 16:09    -> [eventfd]
lr-x------ 1 root root 64 Jan  5 16:09 12 -> /dev/null
lrwx------ 1 root root 64 Jan  5 16:09    -> socket:[10212]
lrwx------ 1 root root 64 Jan  5 16:09 2 -> /dev/console
lr-x------ 1 root root 64 Jan  5 16:09 3 -> /proc/kallsyms
lr-x------ 1 root root 64 Jan  5 16:09 4 -> /proc/kallsyms
lr-x------ 1 root root 64 Jan  5 16:09 5 -> /
lrwx------ 1 root root 64 Jan  5 16:09    -> [eventpoll]
lr-x------ 1 root root 64 Jan  5 16:09    -> pipe:[10209]
l-wx------ 1 root root 64 Jan  5 16:09    -> pipe:[10209]
lr-x------ 1 root root 64 Jan  5 16:09    -> pipe:[10208]
[root@JD2 1866]#
```

"你怎么这么肯定？"部长问道。

"大家请看，进程打开的文件都会在/proc/pid/fd目录下，socket也是文件，我刚看了一下，这个进程刚好有一个socket。再结合/proc/tcp信息，可以确定这个socket就是目标端口号7777的那一条！"

"好家伙！好家伙！"众人皆啧啧称赞。

"还等什么，快让我来干掉它吧！"kill老哥已经按捺不住了。

"让我来把它删掉。"rm小弟也磨刀霍霍了。

部长摇头说道："且慢，cp何在，把这家伙先备份到隔离目录区，以待秋后算账。"

cp拷贝完成，kill和rm两位一起上，把背后这家伙就地正法了。

top赶紧查看了最新的资源使用情况，惊喜地欢呼："好了好了，CPU占用率总算降下去了，真是大快人心。"

天色已然不早，没多久，众人先后离开，帝国恢复了往日的平静。

不过，安全部长仍然是一脸愁容。

"部长，病毒已经被清除，为何还是闷闷不乐呢？"助理问道。

"病毒虽已清除，但却不知这家伙是如何闯入的，还有背后暗中保护隐藏它的人又是谁，实在让我很忧心啊。"

不知不觉夜已深，帝国安全警报突然再一次响了起来。

"这又是怎么回事？"部长厉声问道。

"部长，rm那小子是假冒的，今天他骗了我们，病毒根本没删掉，又卷土重来了！"

部长望向远处的天空，CPU工厂门口的风扇又开始疯狂地转了起来……

6.9　服务器被挖矿，Redis竟是内鬼

却说这一日，Redis正如往常一般工作，不久便收到了一条SAVE命令。

虽说这Redis常被用来当作缓存，数据只存在于内存中，却也能通过SAVE命令将内存中的数据保存到磁盘文件中以便持久化存储。

只见Redis刚打开文件准备写入，不知何处突然冲出几个大汉将其擒住。

这到底是怎么回事？Redis一脸蒙。

这事还得从一个月之前说起。

6.9.1　挖矿病毒的入侵

一个月前，突如其来的警报声打破了Linux帝国夜晚的宁静，CPU占用率突然飙升，却不知何人所为。在unhide的帮助下，总算揪出了隐藏的进程。本以为危机已经解除，岂料……

无奈之下，部长只好再次召集大家。

unhide再一次拿出看家本领，把潜藏的几个进程给捉了出来。kill老哥拿着他们的

pid，手起刀落，动作干脆利落。

这一次，没等找到真正的rm，部长亲自动手，清理了这几个程序文件。

"部长，总这么下去不是个办法，删了又来，得想个长久之计啊！"一旁的top说道。

"一定要把背后的真凶揪出来！"ps说道。

"它们是怎么混进来的，也要调查清楚！"netstat说道。

"对，对，就是。"众人皆附和。

部长起身说道，"大家说得没错，在诸位到来之前，我已经安排助理去核查了，相信很快会有线索。"

此时，防火墙上前说道："为了防止走漏消息，建议先停掉所有的网络连接。"

"也罢，这三更半夜的，对业务影响也不大，停了吧！"安全部长说道。

不多时，助理行色匆匆地赶了回来，在部长耳边窃窃私语一番，听得安全部长瞬时脸色大变。

"sshd留一下，其他人可以先撤了。"部长说道。

大伙儿先后散去，只留下sshd，心里不觉得忐忑了起来。

"等等，kill也留一下。"部长补充道。

一听这话，sshd心跳得更加快了。

助理关上了大门，安全部长轻声说道："据刚刚得到的消息，有人非法远程登录了进来，这挖矿病毒极有可能就是被人远程上传了进来。"

sshd一听这话大惊失色，慌忙问道："难道登录密码泄漏了？"

"应该不是，是使用密钥登录的，不是密码。"一旁的助理回答道。

"你看，在/root/.ssh/authorized_keys文件中，我们发现了一个新的登录公钥，这在之前是没有的。"随后，助理输出了这个文件的内容：

```
[root@xuanyuan ~]# cat .ssh/authorized_keys
ssh-rsa AAAAB3NzaC1yc2EAAAADAQABA······
```

"绝不是我干的。"sshd急忙撇清。

"远程登录，这不是你负责的业务吗？"助理问道。

"确实是我负责的，但我也只是按程序办事，他能用公钥登录的前提是要先把公钥写入啊，所以到底是谁写进来的，这才是关键！"sshd说道。

"说得没错，别紧张，想想看，有没有看到过谁动过这个文件？"部长拍了下sshd的肩膀说道。

"这倒是没留意。"

部长紧锁眉头，来回走了几步，说道："那好，这公钥我们先清理了。回去以后盯紧这个文件，有人来访问立刻报给我。"

"好的。"sshd随后离开，发现自己已经吓出了一身冷汗。

6.9.2　Redis持久化存储"闯祸了"

时间一晃，一个月就过去了。

自从把authorized_keys文件中的公钥清理后，Linux帝国总算太平了一阵子，挖矿病毒入侵事件也渐渐被人淡忘。

这天晚上夜已深，sshd打起了瞌睡。

突然，咣当一声，sshd醒了过来，睁眼一看，竟发现有程序闯入了/root/.ssh目录！

这一下sshd睡意全无，等了一个多月，难道这家伙要现身了？

sshd不觉得紧张起来，到底会是谁呢？

此刻，sshd紧紧盯着authorized_keys文件，眼睛都不敢眨一下，生怕错过些什么。

果然，一个身影走了过来，径直走向这个文件，随后打开了它！

sshd不敢犹豫，赶紧给安全部长助理发去了消息。

那个背影转过身来，这一下sshd看清了他的容貌，竟然是Redis！

收到消息的部长带人火速赶了过来，不等Redis写入数据，就上前按住了他。

"好家伙，没想到内鬼居然是你！"sshd得意地说道。

Redis看着众人，一脸委屈："你们这是干什么？我也没做什么坏事啊。"

"人赃并获，你还抵赖？说吧，你为什么要来写authorized_keys文件？"

"那是因为我要来执行数据持久化存储，把内存中的数据写到文件中保存。"Redis答道。

"你持久化存储，为什么会写到authorized_keys文件里来？"sshd继续质问。

"刚刚收到几条命令，设置了持久化存储的文件名就是这个，不信你看。"说罢，Redis拿出了刚刚收到的几条命令：

```
CONFIG SET dir /root/.ssh
CONFIG SET dbfilename authorized_keys
SAVE
```

"第一条指定保存路径，第二条指定保存的文件名，第三条就是将数据保存到文件了。"Redis继续解释道。

安全部长仔细看着几条命令，说道："把你要写入的数据给我看看。"

"这可有点多，你等一下。"说罢，Redis拿出了所有的键值数据，散落一地。

众人在一大片数据中看花了眼。

"部长快看！"sshd突然大叫。

顺着他手指的方向，一个醒目的公钥出现在了大家面前。

```
ssh-rsa AAAAB3NzaC1yc2EAA···
```

"果然是你！"

Redis还是一脸蒙，还不知发生了什么。

"你这家伙，被人当枪使了！你写的这个文件可不是普通文件，这要是写进去了，别人就能远程登录进来了，之前的挖矿病毒就是这么进来的！"sshd说道。

一听这话，Redis吓得赶紧掐断了网络连接。

"给你下命令的究竟是谁，又是怎么连接上你的？"部长问道。

Redis不好意思地低下了头，只说道："不瞒您说，我这里默认就没有密码，谁都可以连进来。"

安全部长听得眼睛都瞪圆了，愤而离去。

只听得一声大叫，kill老哥又一次手起刀落。

6.10 整数+1引发的内核攻击

夜幕降临，喧嚣褪去，繁忙的Linux帝国渐渐平静了下来，谁也没有想到，一场新的风暴正在悄然而至……

"咚咚！"从帝国安全部长办公室传出的敲门声，打破了夜晚的宁静。

"部长，刚刚发现有程序在修改passwd文件。"原来是文件系统部门的小黑到访。

安全部长眉头一紧，这个passwd文件可非比寻常，里面记录了系统中所有用户的信息，但0.1ms之后，紧锁的眉头便舒展开来。

"这有什么大惊小怪的？只要有root权限，这是允许的嘛！"安全部长没有抬头，继续看着每天的系统日志。

"部长，重点在于这程序不是从系统调用进入内核，而是从中断入口进来的。"

安全部长愣了一下，约莫0.2ms之后，放下了手里的日志，站了起来。

"你是说，他是通过中断描述符表（IDT）进来的？"

小黑点了点头。

"小王，你赶紧跟他去IDT看一下，调查清楚速来报我。"部长对着一旁的助理说道。

助理点了点头，准备出发，刚走到门口，又被部长叫住了。

"等等！此事非同小可，我还是亲自去一趟吧。"

6.10.1 IDT被谁篡改了？

安全部长随即出发，来到IDT所在的地方，这里一切如旧，未见有何异样。

部长指着中断描述符表问道："他是从哪道门进来的？"

"4号。"这时，看守IDT大门的白发老头儿闻讯走了过来回答道。

"奇怪了，IDT表中的函数入口，都是我们安排好了的，按说没有哪一个会去修改passwd文件才对。"部长看着这些表项，低头自语。

"部长，这我得跟您汇报一下，那小子进来之前，把第4项的入口地址高32位改成0x00000000，进来之后他才给恢复成0xFFFFFFFF。"老头儿说完，拿出了IDT表项的结构图：

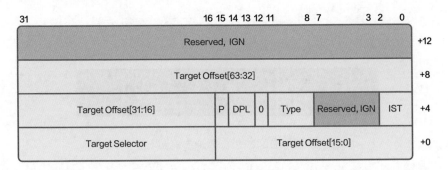

部长听完猛地一抬头："这入口地址是64位的，在IDT表项中拆分成三部分存储。高32位平时都是0xFFFFFFFF，指向的是咱们内核空间中的中断处理函数。现在变成了0x00000000，那整个函数入口地址不就指向了用户态地址空间了吗？"

小黑和助理都不敢说话，大家都知道这后果有多严重，天知道那家伙利用内核权限执行了用户空间的什么代码。

"不对，在他进来之前，一个用户空间的程序怎么能改IDT的内容呢？他没访问权限才对，你是不是看错了？"

"我没有看错，他改得是时候，我还特留意了一下他的调用堆栈，不是在用户空间，是从内核空间的函数——perf_swevent_init方向来的。"老头儿说道。

6.10.2 有符号与无符号大有不同

部长二话没说，又带着大家直奔perf_swevent_init函数而去。

```
1   static int perf_swevent_init(struct perf_event *event)
2   {
3       int event_id = event->attr.config;
4
5       if (event->attr.type != PERF_TYPE_SOFTWARE)
6           return -ENOENT;
7
8       // 省略部分代码
9       if (event_id >= PERF_COUNT_SW_MAX)
10          return -ENOENT;
11
12      if (!event->parent) {
13          int err;
14
15          err = swevent_hlist_get(event);
16          if (err)
17              return err;
18
19          static_key_slow_inc(&perf_swevent_enabled[event_id]);
20          event->destroy = sw_perf_event_destroy;
21      }
22
23      return 0;
24  }
```

"老伯，您可还记得具体是哪个位置？"部长问道。

"就是从那个第19行的static_key_slow_inc函数过来的。"

```
static inline void static_key_slow_inc(struct static_key *key)
{
    atomic_inc(&key->enabled);
}
```

"让我看一下。"助理挤到前面来，想在部长面前露一手。

"嗯，这个static_key_slow_inc做的事情是把一个整数执行了原子+1操作。不过它操作的是perf_swevent_enabled数组，和IDT八竿子打不着，怎么能修改到IDT呢？"助理摸了摸头，往后退了两步，看样子是没看出什么问题。

"不见得！"部长仍然紧锁着眉头，开口说道："你们看，它是通过event_id这个数字作为下标来访问数组元素的，要是这个event_id出错访问越界，指向IDT，也不是没有可能啊！"

助理赶紧扫了一眼event_id，随后便露出了失望的表情："不会的，第9行有检查，你看，超过8以后就会通不过检查。"

```
 9        if (event_id >= PERF_COUNT_SW_MAX)
10        return -ENOENT;
```

```
enum perf_sw_ids {
    PERF_COUNT_SW_CPU_CLOCK            = 0,
    PERF_COUNT_SW_TASK_CLOCK           = 1,
    PERF_COUNT_SW_PAGE_FAULTS          = 2,
    PERF_COUNT_SW_CONTEXT_SWITCHES     = 3,
    PERF_COUNT_SW_CPU_MIGRATIONS       = 4,
    PERF_COUNT_SW_PAGE_FAULTS_MIN      = 5,
    PERF_COUNT_SW_PAGE_FAULTS_MAJ      = 6,
    PERF_COUNT_SW_ALIGNMENT_FAULTS     = 7,
    PERF_COUNT_SW_EMULATION_FAULTS     = 8,

    PERF_COUNT_SW_MAX,                 /* non-ABI */
};
```

线索在这里被切断了，本来指望在perf_swevent_init这个函数里破解IDT被修改之谜，看来要无功而返了。

不知不觉，时间已经很晚了，部长一行决定先回去，再从长计议。

部长走了几步，见助理没有跟上来，便回头叫了他一声。

"部长请留步，我好像感觉哪里不太对劲。"助理此刻也皱起了眉头。

"你发现了什么？"部长和小黑他们又走了回来。

"部长，你看第3行，这个event_id是一个int型的变量，也就是说这是一个有符号数。"助理说道。

"有符号数怎么了？"小黑也忍不住开口问了。

"如果……"

"如果event_id变成一个负数，它将能越界访问数组，并且还能通过第9行的大小检查！"没等助理说完，部长道破了玄机！

众人再一次将目光聚集在这个event_id上，打算看一下第三行给它赋值的event->attr. config是个什么来头。

首先是perf_event中的attr成员变量：

```
struct perf_event {
  // ...
  struct perf_event_attr attr;
  // ...
};
```

接着是perf_event_attr中的config成员变量：

```
struct perf_event_attr {
  // ...
  __u64 config;
  // ...
};
```

看到最后，部长和助理都倒吸了一口凉气，这个config竟然是个64位无符号整数，把它赋值给一个int型变量不出问题就怪了！

见大家都不说话，小黑挠了挠头，弱弱地问道："怎么了，你们怎么都不说话，这有什么问题吗？"

助理把小黑拉到一边："问题大了，你看我要是把一个值为0xFFFFFFFF的config赋值给event_id，event_id会变成什么？"

"负，负，负1？"

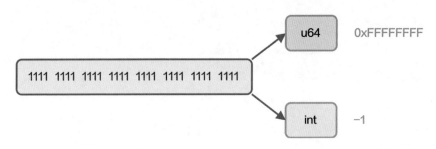

"没错，有符号数的最高位是用来标记正负的，如果这个config最高位为1，后面的位经过精心设计，不仅能瞒天过海骗过第9行的验证，还能将某个位置的数字进行一个原子+1操作。"小王继续说道。

"不错嘛小王，有进步！"不知何时部长也走了过来，被部长这么一夸，助理有些不好意思了。

"听了半天，不就是越界把某个地方的数加了1嘛，有什么大不了的？"小黑一脸不屑的样子。

助理一听连连摇头："你可不要小瞧了这个加1的行为，要是加在某些敏感的地方，那可是要出大事的！"

小黑有些疑惑："比如说呢？"

"比如我们刚刚去过的记录中断和异常的处理函数的IDT，又比如记录系统调用的sys_call_table，这些表中的函数地址都位于内核地址空间，要是这个加1，加的不是别的地方，而是这些表中的函数地址，那可就麻烦了。"助理继续说道。

"我听明白了，可是就算加个1，也应该不是什么大问题吧？"

助理叹了口气："看来你还是不明白，请大家再看一下IDT表中的表项——中断描述符的格式。"

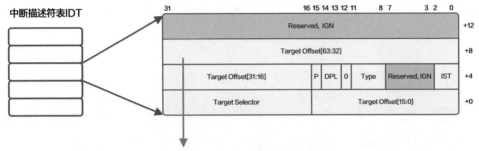

关注这个字段：中断处理函数的高32位

在x64平台上，Linux内核的地址是从0xffffffff80000000开始的。因此终端描述符表中的这个字段都是0xffffffff

"IDT中的中断/异常处理函数的地址不是一个完整的64位，而是拆成了几部分，其中高32位我给大家用红色标示出来了，在64位Linux中，内核空间的地址高32位都是0xFFFFFFFF，如果……"

"如果利用前面的event_id数组下标越界访问，把这个地方的内容通过原子操作加了1，那就变成了0，对不对？"小黑总算明白了。

6.10.3　整数+1的悲剧

安全部长为助理的精彩分析鼓起了掌："不错不错，大家都很聪明！事到如今，我们来复盘一下吧！"

- 第一步：精心设计一个config值，从应用层传入内核空间的perf_swevent_init函数。

- 第二步：利用内核漏洞，把一个64位无符号数赋值给一个int型变量，导致变量溢出为一个负数。

- 第三步：利用溢出的event_id越界访问perf_swevent_enabled，指向IDT的表项，将第四项中断处理函数的高32位进行+1。

- 第四步：修改后的中断处理函数指向了用户空间，提前在此安排恶意代码。

- 第五步：应用层执行int 4汇编指令，触发4号中断，线程将进入内核空间，以内核权限执行提前安排的恶意代码。

事情总算水落石出了，安全部长回去之后就把这个问题上报，修复了这个漏洞，将

event_id的类型从int修正为u64，这一次危机总算解除了。

 小提示

本故事根据真实漏洞改编，漏洞编号为CVE 2013-2094。

6.11 从虚拟机中逃脱

夜黑风高，两个不速之客闯入了一台计算机中。

"老二，总算进来了，咱们依计行事，你去扫描硬盘上的文件，看看有没有有价值的，我去修改开机启动项，把咱们加进去。"

"等一下，老大，我感觉有点不对劲。"

"哪里不对劲了？"老大问道。

"我们去过的其他地方都很热闹，这里怎么这么安静？你看，连QQ、微信这些进程都没有！"老二说道。

老大环顾四周，也察觉到了一丝异常。

6.11.1 虚拟化技术

稍等了一小会儿，老大突然惊呼："不好！这里是个虚拟机，咱们掉入虚拟机中了！"

"虚拟机？什么是虚拟机？"老二问道。

"顾名思义，这就是个虚拟出来的计算机，但和真实的计算机很像，只不过我们看到的内存、硬盘这些都是假的。这里也有一个操作系统。而且和外面真实计算机上的操作系统隔离开来，里面的程序干坏事也影响不到外面。"

老二还是一脸疑惑："这还能虚拟？虚拟的计算机怎么执行程序呢？"

"以前有一种虚拟机可以解释执行，用纯软件的方式模拟出一整套CPU指令集出来。"老大说道。

"以前？现在不用了？"

"对，这种方式性能太低了。现在都是硬件辅助虚拟化了。"

"硬件辅助虚拟化？什么意思？"

"现在的虚拟机，里面的操作系统和程序的指令都是在真实的CPU上执行的，不再用软件来解释模拟了。"

"在真实CPU上执行？那怎么做到和外面真实计算机隔离呢？"

"这都是HyperVisor干的！这是一个虚拟机监控程序，运行在外面真实的计算机中。它给CPU编了程，只要虚拟机中的程序运行到一些关键指令，CPU就进入一种特殊的模式，通知HyperVisor介入进来，不让我们看到外面世界的存在。"

老二若有所思地点了点头，又继续问道："哎，不对，话说你是怎么看出这是一个虚拟机的？"

老大指着一个进程说道："你看，那里有个VMware的进程，注册表里还有一堆VMware的键值，这个VMware就是一个非常知名的HyperVisor程序。"

"好吧，就算是虚拟机，你那么紧张干吗？"

"这很有可能是一个安全分析沙箱，咱们先别轻举妄动，免得一会儿暴露了。"

"沙箱？这又是啥东西？"

"这是那些安全分析软件搭建的一个虚拟运行环境，把要分析的程序放到这里面来运行，观察它们的行为，来辨别是不是恶意软件。"

"怎么观察？咱们偷偷摸摸运行，也没有界面，不会被发现吧？"

老大听了眉头一皱："幼稚！这沙箱中的虚拟机，运行了它们的监控程序，很多系统调用函数都被它们安装HOOK（钩子）监控了，咱们不管是创建进程和线程，还是释放文件，又或者访问网络进行通信都被它们看得一清二楚。"

老二一听眼睛都瞪圆了，紧张得大气不敢出一下。

6.11.2 虚拟机逃逸技术

"那怎么办？完蛋了，咱们要被人扒得干干净净了。"老二一脸焦急。

老大继续紧锁眉头，来回踱步，突然面露喜色说道："别着急，临行前，主人偷偷给了我一个锦囊，叮嘱我在紧急时刻打开。"

"那还等什么？赶紧拿出来啊！"

老大从兜里掏出了锦囊，里面有一张信纸，两人认真地看了起来。

片刻之后，老大大声笑道："老弟！稳了！"

老二一脸疑问，没太明白："大哥，恕我眼拙，这怎么就稳了？"

"你看这里，主人交代了虚拟机逃逸大法，告诉我们如何从虚拟机中逃离。"

"大哥，小声一点儿，小心被发现了。咱们快开始行动吧，晚了说不定就来不及了。"

"别急，让我仔细研究一下。"

信纸上密密麻麻写了一大堆，看起来有些复杂的样子，两个人刚刚放松的眉头又慢慢皱了起来。

没一会儿，老二失去了耐心："大哥，这也太复杂了，我可看不懂了，靠你了。"

"我明白了，**虚拟机会和外面的真实计算机通信，咱们只要抓住通信过程中的漏洞，把我们的指令代码掺杂在通信数据中，让外面世界负责通信的一端执行这些指令代码，咱们就能传输过去，逃逸到外面的真实世界去！**"

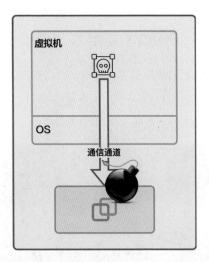

"原来如此，可咱上哪里去找这样的漏洞呢？"

"有了，看这里，主人给我们找了好几个漏洞，真是太贴心了！

- CVE-2016-7461
- CVE-2017-4901
- CVE-2019-14378"

"这一串串字符和数字是什么意思？" 老二问道。

"这个呀，叫漏洞编号，CVE就是Common Vulnerabilities and Exposures，公共漏洞披露的意思，第二组是年份，第三组就是具体的漏洞编号了。每年有那么多软件漏洞被发现，为了管理方便就给它们统一分配了编号。"

"那赶紧的，选一个开干吧！"

"让我看看，就选第二个吧，这是属于VMware的漏洞，版本也合适，还没有被修复，二弟，咱们的机会来了！"

说完，老大按照信纸上的描述，开始忙活起来，准备一会儿要用的数据和代码。

"老大，这个漏洞的原理是什么啊，趁着你准备的工夫，你给我讲讲呗。"

"主人的信上说了，VMware有一个backdoor的通信接口，可以供虚拟机内部操作系统和外面系统进行通信，平时在虚拟机和宿主机之间拷贝文件就是通过这个通信接口来实现的。而这个backdoor的代码写得有漏洞，咱们只要精心构造好数据，它在拷贝的时候就会造成堆溢出，就有机会执行我们的指令代码啦！"

"厉害！主人可真厉害。"老二感叹道！

"快别闲着了，快来帮我准备数据吧！"

又过了一会儿。

"大哥，都准备好了吗？"

"已经按照信上的方法都准备妥当了，来吧，咱们就要出去了，抓紧我。"

老大拿出了刚才将精心准备的代码，小心翼翼地点击执行，只听一阵电流的嘶嘶声响，二人化成一串比特流传输到了外面的VMware进程中。

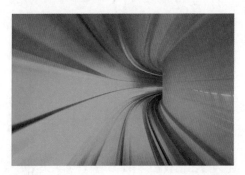

正如计划的一般，漏洞成功地触发！执行了他们提前编写的指令代码，二人成功地来到外面计算机的文件目录下。

过了一会儿，两人慢慢从刚才的眩晕中缓了过来。

"老大，咱们成功了！"

"哈哈！总算出来了。"

两个家伙高兴得紧紧抱在了一起。

"好了，这下咱们开始干正事吧，已经耽误了不少时间了，主人还在等我们的消息呢。"

"好嘞，开始干活。"

两人开始忙活起来，争分夺秒地执行他们的计划，然而，很快他们又发现了不对劲。

"老大，这里怎么还是有VMware的进程啊？咱们不是逃出来了吗？"

"废话，刚才咱就从那里跑出来的啊。"

"不对，你快过来看看。"

老大闻讯赶了过去，仔细查看后，再一次环顾四周，倒吸了一口凉气。

"二弟，完了，这里好像还是一个虚拟机……"

还没等他俩缓过神儿，虚拟机就恢复快照了，两个家伙消失得无影无踪。

只见一旁的沙箱分析程序输出了一份报告，报告中"内含虚拟机检测逃逸"几个大字显得格外醒目。